格拉姆-施密特过程及相关算法的误差分析

邹秦萌　编著

北京邮电大学出版社
www.buptpress.com

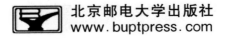

内 容 简 介

格拉姆-施密特过程在线性方程组求解、特征值计算、最小二乘问题中应用广泛。本书深入讨论了矩阵误差分析的思想和理论，主要内容包括误差分析基础知识、传统和改进的格拉姆-施密特过程的算法和误差分析、重正交化技术、极小残差法、分块格拉姆-施密特过程等，证明过程用到的相关算法也都在有限精度下进行了分析。本书适合计算数学相关专业的研究生和科研工作者阅读，也可作为从事科学与工程计算的广大技术人员的参考书。

图书在版编目(CIP)数据

格拉姆-施密特过程及相关算法的误差分析 / 邹秦萌编著. -- 北京：北京邮电大学出版社，2022.6

ISBN 978-7-5635-6648-8

Ⅰ. ①格… Ⅱ. ①邹… Ⅲ. ①线性代数计算法 Ⅳ. ①O241.6

中国版本图书馆 CIP 数据核字(2022)第 087543 号

策划编辑：彭　楠　　**责任编辑**：王晓丹　陶　恒　　**封面设计**：七星博纳

出版发行：北京邮电大学出版社
社　　址：北京市海淀区西土城路 10 号
邮政编码：100876
发 行 部：电话：010-62282185　传真：010-62283578
E-mail：publish@bupt.edu.cn
经　　销：各地新华书店
印　　刷：唐山玺诚印务有限公司
开　　本：720 mm×1 000 mm　1/16
印　　张：7.25
字　　数：122 千字
版　　次：2022 年 6 月第 1 版
印　　次：2022 年 6 月第 1 次印刷

ISBN 978-7-5635-6648-8　　定价：42.00 元

·如有印装质量问题，请与北京邮电大学出版社发行部联系·

前　言

本书讨论的对象主要是格拉姆-施密特过程。格拉姆-施密特是一类正交化技术，是实现矩阵 QR 分解的一类算法，其英文为 Gram-Schmidt，由两位数学家的姓氏组成，这两位数学家分别是 J. P. 格拉姆（J. P. Gram）和 E. 施密特（E. Schmidt）。

格拉姆（1850—1916 年）生于丹麦，1873 年获得硕士学位，从 1875 年起在哈夫尼亚保险公司从事精算科学工作，1879 年获得博士学位。他在 1884 年创建了自己的保险公司，担任总裁，1895 年成为原公司的董事会成员。自 1910 年起，格拉姆担任丹麦保险协会主席，业余时间他积极参加丹麦皇家科学院的数学活动，研究概率论和数值分析，并用其解决实际问题，同时也在数论领域取得了一些成果。施密特（1876—1959 年）生于爱沙尼亚，1905 年在哥廷根大学获得博士学位，是数学家希尔伯特的学生，1917 年获得柏林大学的教授职位。在柏林大学工作期间，施密特担任过数学系的共同主任、学院院长和副校长，参与创建了应用数学中心。1946—1958 年，施密特担任德国科学院数学研究中心主任。1948 年，施密特参与创建数学期刊 *Mathematische Nachrichten*，并成为首位主编。施密特在泛函分析领域做出了重要贡献。

格拉姆在 1879 年用丹麦语写成的文章中，借助最小二乘法研究了实函数的级数展开问题。该文章关注函数的线性组合，提出了一种更新策略来寻找函数的最佳逼近，该策略用到了正交函数。在这篇文章中，格拉姆首先讨论了离散内积下的正交函数，然后讨论了非离散情况。该文章于 1883 年用德语发表，在积分方程领域有一定的重要性。该文章传达了一个重要思想，那就是给定一组函数，可以构建一组正交函数，其中新的正交函数能够表示为新的原始函数和旧的原始函数的线性组合。受到格拉姆工作的启发，施密特在

1907 年发表了一篇文章，研究积分方程的求解问题。该文章提出了一种算法，能够将积分方程的特征函数正交化，其中新的正交函数由新的原始函数和旧的正交函数组合而成。施密特在文中声明其算法与格拉姆的算法等价，因此两人的姓氏被合在一起，共同用来命名这一算法。实际上，早在 1820 年，法国数学家拉普拉斯就已在著作中提出了连续正交投影。不过直到 1907 年，施密特的文章才令这类方法广为人知。拉普拉斯（1749—1827 年）比格拉姆和施密特名气更大，他在数学和物理学领域都做出了重要贡献。

一般称施密特算法的向量版本为传统的格拉姆-施密特算法，或简称为格拉姆-施密特算法，而称拉普拉斯算法为改进的格拉姆-施密特算法。除此之外，格拉姆-施密特算法还有多种变体，在数值意义上各不相同。即使算法在数学上等价，用计算机进行计算时也会产生很大差别，原因在于舍入误差的影响。广义极小残差法是格拉姆-施密特过程的一个应用实例，用来求解非对称线性方程组，早在 1983 年就以报告的形式受到关注，1986 年正式发表。虽然在实验中能够观察到广义极小残差法是数值稳定的，但由于长期缺少严格的舍入误差分析，直到 2006 年其数值稳定性才得到证明。在此之前，正交化过程往往采用更稳定的豪斯霍尔德变换来实现。可以看出，舍入误差分析对数值算法有重要意义。

本书关注格拉姆-施密特过程的误差分析。第 1 章为绪论，第 2 章介绍传统和改进的格拉姆-施密特过程的算法和误差分析，第 3 章研究重正交化技术，第 4 章研究极小残差法，第 5 章介绍分块格拉姆-施密特算法，第 6 章为总结与展望。本书的出版得到国家自然科学基金（项目编号：12101071）的资助，在此表示感谢。由于作者水平有限，书中错误与片面之处在所难免，请读者不吝指正。

作　者

2022 年 2 月于北京

目　　录

第1章 绪　　论

本章主要介绍误差的概念，给出基本的符号和定义，并简要介绍格拉姆-施密特过程的背景。概括而言，格拉姆-施密特是一类经典的正交化技术，在最小二乘问题及线性方程组求解、特征值计算问题等方面有广泛的应用。误差分析能够揭示格拉姆-施密特算法的稳定性，从而在实际应用中避免误差危害。

1.1 QR分解

给定矩阵 $\boldsymbol{A}=(a_{i,j})\in\mathbb{R}^{m\times n}$，即

$$\boldsymbol{A}=(a_1,\cdots,a_n)=\begin{pmatrix} a_{1,1} & \cdots & a_{1,n} \\ \vdots & & \vdots \\ a_{m,1} & \cdots & a_{m,n} \end{pmatrix},$$

其中 $m\geqslant n$，计算列向量两两正交的矩阵 $\boldsymbol{Q}\in\mathbb{R}^{m\times n}$ 和上三角矩阵 $\boldsymbol{R}\in\mathbb{R}^{n\times n}$，使得 $\boldsymbol{A}=\boldsymbol{QR}$。该过程被称为瘦 QR 分解，或简称 QR 分解。$\boldsymbol{A}$ 的 QR 分解必定存在，且在一定条件下具有唯一性。下面的定理描述了 QR 分解的唯一性。

定理 1.1　设 $\boldsymbol{A}\in\mathbb{R}^{m\times n}$，其中 $m\geqslant n$。若 $\boldsymbol{A}$ 的秩为 n，且 $\boldsymbol{Q}\in\mathbb{R}^{m\times n}$ 的各列为两两正交的单位向量，$\boldsymbol{R}\in\mathbb{R}^{n\times n}$ 为具有正对角元的上三角矩阵，则 $\boldsymbol{A}$ 的 QR 分解 $\boldsymbol{A}=\boldsymbol{QR}$ 是唯一的。

定理 1.1 可用具体的 QR 算法过程加以证明。

QR 分解可用多种方法计算。本书主要关注格拉姆-施密特过程（后文经常用

Gram-Schmidt 的首字母缩写"GS"来表示)。若给定一个线性无关的向量组 $\{\boldsymbol{a}_1,\cdots,\boldsymbol{a}_n\}$,希望构建一个正交向量组 $\{\boldsymbol{q}_1,\cdots,\boldsymbol{q}_n\}$,格拉姆-施密特过程可以简述如下:

① $\boldsymbol{q}_1=\boldsymbol{a}_1$;

② $\boldsymbol{q}_k=\boldsymbol{a}_k-\sum_{j=1}^{k-1}\frac{(\boldsymbol{a}_k,\boldsymbol{q}_j)}{\|\boldsymbol{q}_j\|^2}\boldsymbol{q}_j,k=2,\cdots,n$。

这里 $(\boldsymbol{u},\boldsymbol{v})=\boldsymbol{v}^{\mathrm{T}}\boldsymbol{u}$ 是点积运算,$\|\boldsymbol{u}\|=\sqrt{(\boldsymbol{u},\boldsymbol{u})}$ 是欧式范数。所得正交向量组构成子空间的一个正交基。若需要标准正交基,可令 $\boldsymbol{q}_k=\boldsymbol{q}_k/\|\boldsymbol{q}_k\|$,即

① $\boldsymbol{q}_1=\boldsymbol{a}_1/\|\boldsymbol{a}_1\|$;

② $\boldsymbol{w}_k=\boldsymbol{a}_k-\sum_{j=1}^{k-1}(\boldsymbol{a}_k,\boldsymbol{q}_j)\boldsymbol{q}_j,\boldsymbol{q}_k=\boldsymbol{w}_k/\|\boldsymbol{w}_k\|,k=2,\cdots,n$。

虽然没有正交化的向量组也可作为一组基,但在数值计算中,误差会不断积累,使得计算结果不稳定。而正交基不会产生该问题。然而,受误差影响,格拉姆-施密特过程的计算结果不会是严格正交的,正交性损失的程度因算法实现的不同而有显著差异,这也是本书的主要研究内容。

格拉姆-施密特过程可用来计算 QR 分解。由上述内容,可令

$$\boldsymbol{a}_k=r_{1,k}\boldsymbol{q}_1+\cdots+r_{k,k}\boldsymbol{q}_k, \tag{1.1}$$

其中 $r_{i,j}\in\mathbb{R}$。若 $\boldsymbol{q}_1,\cdots,\boldsymbol{q}_{k-1}$ 已知,由式(1.1)可得

$$r_{k,k}\boldsymbol{q}_k=\boldsymbol{a}_k-\sum_{j=1}^{k-1}r_{j,k}\boldsymbol{q}_j, \tag{1.2}$$

其中 $r_{j,k}=(\boldsymbol{a}_k,\boldsymbol{q}_j)$。令 $\boldsymbol{w}_k=r_{k,k}\boldsymbol{q}_k$,则每步迭代都能由新的原始向量和旧的正交向量算出 $\boldsymbol{w}_k$,继而得到

$$r_{k,k}=\|\boldsymbol{w}_k\|,\quad \boldsymbol{q}_k=\frac{\boldsymbol{w}_k}{r_{k,k}}。 \tag{1.3}$$

写成矩阵形式,则有

$$\boldsymbol{A}=(\boldsymbol{q}_1,\cdots,\boldsymbol{q}_n)\begin{pmatrix} r_{1,1} & r_{1,2} & r_{1,3} & \cdots & r_{1,n} \\ 0 & r_{2,2} & r_{2,3} & \cdots & r_{2,n} \\ 0 & 0 & r_{3,3} & \cdots & r_{3,n} \\ \vdots & \ddots & \ddots & \ddots & \vdots \\ 0 & \cdots & 0 & 0 & r_{n,n} \end{pmatrix}=\boldsymbol{QR},$$

其中 $\boldsymbol{Q}\in\mathbb{R}^{m\times n}$，$\boldsymbol{R}\in\mathbb{R}^{n\times n}$。这里 $r_{j,k}\boldsymbol{q}_j=(\boldsymbol{a}_k,\boldsymbol{q}_j)\boldsymbol{q}_j=\boldsymbol{q}_j\boldsymbol{q}_j^{\mathrm{T}}\boldsymbol{a}_k$，其中 $\boldsymbol{q}_j\boldsymbol{q}_j^{\mathrm{T}}$ 是正交投影算子，而式(1.2)每次用 $\boldsymbol{a}_k$ 减去 $\boldsymbol{q}_j\boldsymbol{q}_j^{\mathrm{T}}\boldsymbol{a}_k$ 相当于将 $\boldsymbol{a}_k$ 正交投影到 $\boldsymbol{q}_j$ 的正交补空间。若令 $\boldsymbol{R}$ 的对角元 $r_{1,1},\cdots,r_{n,n}$ 为正，如式(1.3)所示，则容易看出 QR 分解是唯一的。定理 1.1 得证。

具体算法将在后文详细介绍。除格拉姆-施密特过程之外，豪斯霍尔德(Householder)反射和吉文斯(Givens)旋转也可用来实现 QR 分解。豪斯霍尔德反射定义如下：

$$\widetilde{\boldsymbol{H}}_k=\boldsymbol{I}-2\frac{\widetilde{\boldsymbol{v}}_k\widetilde{\boldsymbol{v}}_k^{\mathrm{T}}}{\widetilde{\boldsymbol{v}}_k^{\mathrm{T}}\widetilde{\boldsymbol{v}}_k},\quad \widetilde{\boldsymbol{v}}_k=\boldsymbol{a}_k\pm\|\boldsymbol{a}_k\|\boldsymbol{e}_k,$$

其中 $\boldsymbol{I}$ 是单位矩阵，$\boldsymbol{e}_k$ 是单位向量的第 k 列，$\widetilde{\boldsymbol{H}}_k$ 又称豪斯霍尔德矩阵，$\widetilde{\boldsymbol{v}}_k$ 称作豪斯霍尔德向量。豪斯霍尔德变换能将 $\boldsymbol{a}_k$ 变换到 $\boldsymbol{e}_k$ 的方向，即

$$\widetilde{\boldsymbol{H}}_k\boldsymbol{a}_k=\mp\|\boldsymbol{a}_k\|\boldsymbol{e}_k,$$

变换前后的两个向量关于以 $\widetilde{\boldsymbol{v}}_k$ 为法向量的超平面对称。由构造可知 $\widetilde{\boldsymbol{H}}_k^{\mathrm{T}}=\widetilde{\boldsymbol{H}}_k$，$\widetilde{\boldsymbol{H}}_k^{\mathrm{T}}\widetilde{\boldsymbol{H}}_k=\boldsymbol{I}$，因此 $\widetilde{\boldsymbol{H}}_k=\widetilde{\boldsymbol{H}}_k^{-1}$。用豪斯霍尔德变换实现 QR 分解，相当于依次保留矩阵 $\boldsymbol{A}$ 第 k 列的前 k 个元素，并将剩余元素清零。令 $\boldsymbol{H}_k$ 为待求的豪斯霍尔德矩阵，$\boldsymbol{A}^{(1)}=\boldsymbol{A}$，$\boldsymbol{A}^{(k)}=\boldsymbol{H}_{k-1}\cdots\boldsymbol{H}_1\boldsymbol{A}$，不妨设前 $k-1$ 列已经上三角化。取 m 维列向量

$$\boldsymbol{x}_k=(0,\cdots,0,a_{k,k}^{(k)},\cdots,a_{m,k}^{(k)})^{\mathrm{T}},$$

然后令

$$\boldsymbol{H}_k=\boldsymbol{I}-2\frac{\boldsymbol{v}_k\boldsymbol{v}_k^{\mathrm{T}}}{\boldsymbol{v}_k^{\mathrm{T}}\boldsymbol{v}_k},\quad \boldsymbol{v}_k=\boldsymbol{x}_k+\mathrm{sign}(a_{k,k}^{(k)})\|\boldsymbol{x}_k\|\boldsymbol{e}_k,$$

可知 $\boldsymbol{A}^{(k+1)}=\boldsymbol{H}_k\cdots\boldsymbol{H}_1\boldsymbol{A}$ 的前 k 列完成上三角化，其中符号函数 sign 的目的是减少数值误差的影响。于是有 $\boldsymbol{A}=\boldsymbol{Q}\boldsymbol{R}$，其中 $\boldsymbol{R}$ 等于 $\boldsymbol{A}^{(n+1)}$ 的前 n 行，$\boldsymbol{Q}$ 等于 $\boldsymbol{H}_1\cdots\boldsymbol{H}_n$ 的前 n 列。本质上，格拉姆-施密特方法是将向量组正交化，顺便得到上三角矩阵，这一过程称作“三角正交化”；而豪斯霍尔德方法是将矩阵上三角化，顺便得到正交向量组，这一过程称作“正交三角化”。

吉文斯旋转定义如下：

$$G_{i,j}=\begin{pmatrix}1 & \cdots & 0 & \cdots & 0 & \cdots & 0\\ \vdots & \ddots & \vdots & & \vdots & & \vdots\\ 0 & \cdots & c & \cdots & s & \cdots & 0\\ \vdots & & \vdots & \ddots & \vdots & & \vdots\\ 0 & \cdots & -s & \cdots & c & \cdots & 0\\ \vdots & & \vdots & & \vdots & \ddots & \vdots\\ 0 & \cdots & 0 & \cdots & 0 & \cdots & 1\end{pmatrix},$$

其中 $c=\cos(\theta)$，$s=\sin(\theta)$。由该定义可以看出单位矩阵的 (i,i)、(i,j)、(j,i)、(j,j) 4 个位置被分别替换成了 c、s、$-s$、c。用 $\boldsymbol{G}_{i,j}^{\mathrm{T}}$ 左乘向量 $\boldsymbol{a}_k$ 相当于在 (i,j) 平面上逆时针旋转 θ 度。可以看出 $\boldsymbol{G}_{i,j}$ 是正交矩阵。令

$$c=\frac{a_{i,k}}{\sqrt{a_{i,k}^2+a_{j,k}^2}},\quad s=\frac{a_{j,k}}{\sqrt{a_{i,k}^2+a_{j,k}^2}},$$

则

$$\boldsymbol{G}_{i,j}\boldsymbol{a}_k=\boldsymbol{G}_{i,j}\begin{pmatrix}a_{1,k}\\ \vdots\\ a_{i,k}\\ \vdots\\ a_{j,k}\\ \vdots\\ a_{m,k}\end{pmatrix}=\begin{pmatrix}a_{1,k}\\ \vdots\\ ca_{i,k}+sa_{j,k}\\ \vdots\\ -sa_{i,k}+ca_{j,k}\\ \vdots\\ a_{m,k}\end{pmatrix}=\begin{pmatrix}a_{1,k}\\ \vdots\\ \sqrt{a_{i,k}^2+a_{j,k}^2}\\ \vdots\\ 0\\ \vdots\\ a_{m,k}\end{pmatrix},$$

因此吉文斯旋转能够消去指定元素。用吉文斯旋转计算 QR 分解相当于由左至右-由下至上地消去对角线下方元素，最终得到上三角矩阵。吉文斯旋转的一个重要应用是海森伯格(Hessenberg)矩阵三角化。在上海森伯格矩阵中，所有次对角线以下元素都为零，因此对每一列只需计算一次吉文斯旋转即可，n 步之后便得到上三角矩阵。

1.2 舍入误差

依照来源进行分类,可将误差大致分为4类,分别是模型误差、数据误差、截断误差和舍入误差。模型误差是数学模型与实际问题之间的误差;数据误差是输入数据与真实数据之间的误差,也称观测误差;截断误差是数值方法的近似解与数学模型的精确解之间的误差,也称方法误差;舍入误差是由有限精度运算所造成的误差。向量组正交化问题本身已是数值代数问题,QR分解所得的就是精确解,因此不存在截断误差;而模型误差和数据误差是数值算法研究人员无法独立解决的。本书只关注舍入误差。

令 x 为准确值,$\hat{x}$ 为 x 的近似值,绝对误差 e 被定义为

$$e=\hat{x}-x,$$

而相对误差 e_r 被定义为

$$e_r=\frac{\hat{x}-x}{x}。$$

如果误差的正负不重要,则 e 和 e_r 的表达式可以加上绝对值。误差的上界称作误差限 ε,满足

$$|\hat{x}-x|\leqslant\varepsilon,$$

相对误差限 ε_r 满足

$$\frac{|\hat{x}-x|}{|x|}\leqslant\varepsilon_r。$$

由于 x 一般是未知的,相对误差分母中的 x 常用 $\hat{x}$ 替代。

大部分十进制数不能用二进制浮点数精确表示,令 $\mathrm{fl}(x)$ 表示 x 在计算机中的存储值,将机器精度定义为1.0和大于1.0的最小浮点数的距离,记作 ε_m。令 ε_u 为单位舍入误差(unit roundoff),其值为 $(1/2)\varepsilon_m$。若 x 位于浮点数的表示范围内,则 $\mathrm{fl}(x)$ 的相对误差不超过 ε_u。

引理1.2 若 x 在浮点数表示范围内,则

$$\mathrm{fl}(x)=x(1+\delta),\quad |\delta|\leqslant\varepsilon_u。$$

证明：根据 IEEE 754 标准，浮点数可用二进制表示为

$$\mathrm{fl}(x)=\pm m\cdot 2^{e-t}, \tag{1.4}$$

其中 t 是精度，$e\in[e_{\min},e_{\max}]$称为指数或阶数，m 是位于$[2^{t-1},2^t-1]$之间的整数。不妨设 $x>0$。当 $m=2^{t-1}$，$e=1$ 时，$\mathrm{fl}(x)=1.0$。因此，

$$\varepsilon_{\mathrm{m}}=(2^{t-1}+1)\cdot 2^{1-t}-1=2^{1-t}。$$

令 $x=\mu\cdot 2^{e-t}$，其中 $\mu\in[2^{t-1},2^t-1]$。于是有 $\mathrm{fl}(x)=\lfloor\mu\rfloor\cdot 2^{e-t}$或 $\mathrm{fl}(x)=\lceil\mu\rceil\cdot 2^{e-t}$，其中$\lfloor\cdot\rfloor$和$\lceil\cdot\rceil$分别表示向下、向上取整，则

$$\frac{|x-\mathrm{fl}(x)|}{|x|}\leqslant\frac{\frac{1}{2}2^{e-t}}{\mu\cdot 2^{e-t}}\leqslant\frac{1}{2}\cdot 2^{1-t}=\varepsilon_{\mathrm{u}}。$$

因此 ε_{u} 是 $\mathrm{fl}(x)$的相对误差限。证毕。

若 x 不在浮点数的表示范围内，则会造成下溢(underflow)或上溢(overflow)。二进制浮点数还可表示为

$$\mathrm{fl}(x)=\pm.d_1d_2\cdots d_t\cdot 2^e, \tag{1.5}$$

其中 $d_1,d_2,\cdots,d_t$ 为 0 或 1，称作尾数，其位数又称精度。在教科书中式(1.5)比式(1.4)更常见，两个公式都以 2 为底数。显然，也可选整数 β 作为底数，由此可得 β 进制浮点数系统，但最常用的还是二进制。在 1985 年制定的 IEEE 754 标准中，浮点数由二进制表示，该标准定义了 32 位的单精度浮点数(fp32)和 64 位的双精度浮点数(fp64)，2008 年的修订版增加了 16 位的半精度浮点数(fp16)和 128 位的四倍精度浮点数(fp128)。这些浮点数的主要参数总结在表 1-1 中。IEEE 标准还定义了扩展格式，这里不做讨论。

表 1-1　IEEE 754-2008 标准

浮点数类型	精度	指数位数	ε_{u}	$e_{\min}$	$e_{\max}$	最大数
fp16	11	5	4.88×10^{-4}	−14	15	65 504
fp32	24	8	5.96×10^{-8}	−126	127	3.40×10^{38}
fp64	53	11	1.11×10^{-16}	−1 022	1 023	1.80×10^{308}
fp128	113	15	9.63×10^{-35}	−16 382	16 383	1.19×10^{4932}

若浮点运算的结果不能精确表示，则会产生误差，该误差称为舍入误差。一般将十进制转换成二进制时产生的误差也归为舍入误差。浮点运算的舍入误差一般

采用下述模型：

$$\mathrm{fl}(x\odot y)=(x\odot y)(1+\delta),\quad |\delta|\leqslant\varepsilon_{\mathrm{u}},\tag{1.6}$$

其中⊙表示加、减、乘、除任意一种运算。由于 ε_{u} 很小，一般认为上述浮点运算足够精确。根据 IEEE 标准，平方根运算也满足式(1.6)的相对误差限。另一个常用模型为：

$$\mathrm{fl}(x\odot y)=\frac{x\odot y}{1+\delta},\quad |\delta|\leqslant\varepsilon_{\mathrm{u}}。$$

所有实现了 IEEE 标准的计算机都满足上述模型。

舍入误差在运算过程中会不断积累。令 $\boldsymbol{x}$ 和 $\boldsymbol{y}$ 为 3 维实向量，即 $\boldsymbol{x},\boldsymbol{y}\in\mathbb{R}^3$。若以点积运算为例，则准确值为 $\boldsymbol{x}^{\mathrm{T}}\boldsymbol{y}=x_1y_1+x_2y_2+x_3y_3$。设浮点运算从左向右进行，且每个运算的相对误差都为 δ，则近似值为

$$\begin{aligned}\mathrm{fl}(\boldsymbol{x}^{\mathrm{T}}\boldsymbol{y})&=\mathrm{fl}(\mathrm{fl}(\mathrm{fl}(x_1y_1)+\mathrm{fl}(x_2y_2))+\mathrm{fl}(x_3y_3))\\&=\mathrm{fl}(\mathrm{fl}(x_1y_1(1+\delta)+x_2y_2(1+\delta))+\mathrm{fl}(x_3y_3))\\&=\mathrm{fl}((x_1y_1+x_2y_2)(1+\delta)^2+x_3y_3(1+\delta))\\&=((x_1y_2+x_2y_2)(1+\delta)^2+x_3y_3(1+\delta))(1+\delta)\\&=x_1y_1(1+\delta)^3+x_2y_2(1+\delta)^3+x_3y_3(1+\delta)^2。\end{aligned}$$

依此类推，当 $\boldsymbol{x}$ 和 $\boldsymbol{y}$ 为 n 维向量时，计算结果为

$$\mathrm{fl}(\boldsymbol{x}^{\mathrm{T}}\boldsymbol{y})=x_1y_1(1+\delta)^n+x_2y_2(1+\delta)^n+x_3y_3(1+\delta)^{n-1}+\cdots+x_ny_n(1+\delta)^2。$$

令

$$\gamma_n=\frac{n\varepsilon_{\mathrm{u}}}{1-n\varepsilon_{\mathrm{u}}},\tag{1.7}$$

下面的结论有助于简化浮点运算的误差分析。

引理 1.3 若对任意 $i=1,2,\cdots,n$，有 $|\delta_i|\leqslant\varepsilon_{\mathrm{u}}$，$\rho_i=\pm1$，且 $n\varepsilon_{\mathrm{u}}<1$，则

$$\prod_{i=1}^{n}(1+\delta_i)^{\rho_i}=1+\theta_n,\quad |\theta_n|\leqslant\gamma_n。\tag{1.8}$$

证明：当 $\rho_n=1$ 时，有

$$\prod_{i=1}^{n}(1+\delta_i)^{\rho_i}=(1+\delta_n)\prod_{i=1}^{n-1}(1+\delta_i)^{\rho_i}=(1+\delta_n)(1+\theta_{n-1})。$$

故

$$\theta_n=\delta_n+(1+\delta_n)\theta_{n-1}。$$

用数学归纳法，可得

$$\begin{aligned}|\theta_n| &\leqslant \varepsilon_u + (1+\varepsilon_u)\frac{(n-1)\varepsilon_u}{1-(n-1)\varepsilon_u} \\ &= \frac{\varepsilon_u(1-(n-1)\varepsilon_u)+(1+\varepsilon_u)(n-1)\varepsilon_u}{1-(n-1)\varepsilon_u} \\ &= \frac{n\varepsilon_u}{1-(n-1)\varepsilon_u} \leqslant \gamma_n\text{。}\end{aligned}$$

同理，当 $\rho_n=-1$ 时也可得到类似结论。证毕。

在引理 1.3 的假设下，可得

$$\begin{aligned}\mathrm{fl}(\boldsymbol{x}^{\mathrm{T}}\boldsymbol{y}) &= x_1y_1(1+\theta_n)+x_2y_2(1+\theta_n')+x_3y_3(1+\theta_{n-1})+\cdots+x_ny_n(1+\theta_2) \\ &= \boldsymbol{x}^{\mathrm{T}}\boldsymbol{y}+x_1y_1\theta_n+x_2y_2\theta_n'+x_3y_3\theta_{n-1}+\cdots+x_ny_n\theta_2\text{。}\end{aligned}$$

观察 $\mu=x_iy_i(1+\theta_{n+2-i})$，$i=3,\cdots,n$，可以看到

$$\left|\frac{\mu-x_iy_i}{x_iy_i}\right|=|\theta_{n+2-i}|\leqslant\gamma_{n+2-i}\leqslant\gamma_n,$$

即 $\mu=x_iy_i(1+\theta_n)$，从而有 $\mathrm{fl}(\boldsymbol{x}^{\mathrm{T}}\boldsymbol{y})=\boldsymbol{x}^{\mathrm{T}}\boldsymbol{y}(1+\theta_n)$。也可直接计算

$$\begin{aligned}|\boldsymbol{x}^{\mathrm{T}}\boldsymbol{y}-\mathrm{fl}(\boldsymbol{x}^{\mathrm{T}}\boldsymbol{y})| &\leqslant |x_1y_1|\gamma_n+|x_2y_2|\gamma_n+|x_3y_3|\gamma_{n-1}+\cdots+|x_ny_n|\gamma_2 \\ &\leqslant \gamma_n\sum_{i=1}^{n}|x_iy_i|=\gamma_n|\boldsymbol{x}|^{\mathrm{T}}|\boldsymbol{y}|,\end{aligned}$$

其中 $|\boldsymbol{x}|$ 表示对向量 $\boldsymbol{x}$ 逐项取绝对值。

1.3 前向误差与后向误差

前向误差(forward error)与后向误差(backward error)用来描述计算结果的好坏。令 $y=f(x)$，其中 x 是实数。受舍入误差影响，计算结果为 $\hat{y}$。前向误差就是 1.2 节中定义的误差，是准确函数值与近似函数值的差，后文将其定义为误差的绝对值

$$e_{\mathrm{f}}=\frac{|y-\hat{y}|}{|y|}\text{。}$$

前向误差将 $\hat{y}$ 看作"准确问题的近似解"，而后向误差将其看作"近似问题的准确解"，即引入 Δx 使得 $\hat{y}=f(x+\Delta x)$，并将其最小值定义为后向误差

$$e_{\mathrm{b}}=\min\left\{\frac{|\Delta x|}{|x|}:\hat{y}=f(x+\Delta x)\right\}。$$

后向误差小意味着为准确得到 $\hat{y}$ 所需要的扰动小。误差分析即给出 e_{f} 或 e_{b} 的上界 ε_{f}、ε_{b}。前向误差分析最直观，但有时无法得到，且控制前向误差有时意义不大。后向误差分析是一个重要工具，目的是将舍入误差看作数据的扰动，并给出扰动的上界。如果后向误差在量级上等同于输入数据的不确定性或单位舍入误差，那么计算结果显然是可以接受的。有些算法的后向误差无法求得，那么可以考虑混合前向-后向误差分析，即

$$\hat{y}+\Delta y=f(x+\Delta x),\quad \frac{|\Delta y|}{|y|}\leqslant\varepsilon_{\mathrm{f}},\quad \frac{|\Delta x|}{|x|}\leqslant\varepsilon_{\mathrm{b}}。$$

后向误差小的算法被称作是后向稳定的。以向量点积运算为例。令 $\boldsymbol{x}$ 和 $\boldsymbol{y}$ 为 n 维向量，由 1.2 节的分析可知

$$\mathrm{fl}(\boldsymbol{x}^{\mathrm{T}}\boldsymbol{y})=(\boldsymbol{x}+\Delta\boldsymbol{x})^{\mathrm{T}}\boldsymbol{y},\quad |\Delta\boldsymbol{x}|\leqslant\gamma_n|\boldsymbol{x}|。\tag{1.9}$$

已知 $|\gamma_n|$ 很小，因此认为向量点积运算是后向稳定的。这里假设的是 $\boldsymbol{x}$ 受到扰动，若 $\boldsymbol{y}$ 受到扰动也可得到相同结果。相应地，前向误差结果已在 1.2 节中给出，即

$$|\boldsymbol{x}^{\mathrm{T}}\boldsymbol{y}-\mathrm{fl}(\boldsymbol{x}^{\mathrm{T}}\boldsymbol{y})|\leqslant\gamma_n|\boldsymbol{x}|^{\mathrm{T}}|\boldsymbol{y}|,$$

该结果只有当 $|\boldsymbol{x}^{\mathrm{T}}\boldsymbol{y}|$ 与 $|\boldsymbol{x}|^{\mathrm{T}}|\boldsymbol{y}|$ 相差不大时才表明前向误差足够小。

前向误差与后向误差可通过条件数(condition number)来建立联系。前向误差可看作后向误差经问题放大后的结果，而条件数则是放大系数，用来描述问题本身的好坏，与算法无关。给定标量函数 $y=f(x)$，条件数定义为

$$\mathrm{cond}(x)=\lim_{\varepsilon\to0^+}\sup_{|\Delta x|\leqslant|x|}\frac{|f(x+\Delta x)-f(x)|}{\varepsilon|f(x)|},$$

或采用更简洁的定义

$$\mathrm{cond}(x)=\left|\frac{xf'(x)}{f(x)}\right|,$$

其中 $f'(x)$ 为导数。若给定方阵 $\boldsymbol{A}$，将求 $\boldsymbol{A}^{-1}$ 看作问题，则条件数是 $\kappa(\boldsymbol{A})=\|\boldsymbol{A}\|\,\|\boldsymbol{A}^{-1}\|$。可知 $\kappa(\boldsymbol{A})\geqslant1$。当 $\kappa(\boldsymbol{A})$ 趋于无穷时，$\boldsymbol{A}$ 是奇异矩阵。一般将 $\kappa(\boldsymbol{A})$ 简称为矩阵 $\boldsymbol{A}$ 的条件数，此外 $\kappa(\boldsymbol{A})$ 也是线性方程组 $\boldsymbol{A}\boldsymbol{x}=\boldsymbol{b}$ 的条件数。前向误差、后向误差、条件数的关系是

$$e_{\mathrm{f}}\lesssim\mathrm{cond}(x)e_{\mathrm{b}},\tag{1.10}$$

其中$\lesssim$表明不等关系在 $\Delta x\to 0$ 时成立。由于 Δx 足够小，通常可认为式(1.10)的不等关系成立。

这里使用 2-范数，但也可采用其他范数。在本书中，2-范数是最常用到的诱导范数，矩阵的 2-范数等于矩阵的最大奇异值；另一个常用到的范数是 F-范数

$$\|\boldsymbol{A}\|_{\mathrm{F}}=\left(\sum_{i=1}^{m}\sum_{j=1}^{n}a_{i,j}^{2}\right)^{\frac{1}{2}},$$

也称作 Frobenius 范数或欧式范数。2-范数具有一致性和正交不变性，即 $\|\boldsymbol{AB}\|\leqslant\|\boldsymbol{A}\|\,\|\boldsymbol{B}\|$，$\|\boldsymbol{UAV}\|=\|\boldsymbol{A}\|$，其中 $\boldsymbol{U}$ 和 $\boldsymbol{V}$ 是正交矩阵。易证明，F-范数同样具有这两个性质。此外，$|\boldsymbol{A}|$ 表示对矩阵 $\boldsymbol{A}$ 逐项取绝对值。若将上述误差分析中的标量换成向量，可将绝对值符号换成范数符号，也可逐项取绝对值；对于矩阵范数，也可选择逐列进行误差分析。后文将在具体问题中进行讨论。

若一个问题的条件数很大，则称该问题为病态问题，即输入数据的小扰动会令输出数据产生大误差。由式(1.10)还可看到，后向稳定的算法一定前向稳定，反之则不一定。如果后向误差上界为 ε_{b} 的算法是后向稳定的，那么前向误差上界为 $\mathrm{cond}(x)\varepsilon_{\mathrm{b}}$ 的算法就是前向稳定的。

通常认为后向误差分析是由威尔金森(J. H. Wilkinson)于 20 世纪 50 年代提出的，但他本人将其归功于冯·诺依曼(J. von Neumann)和戈德斯坦(H. Goldsteine)于 1947 年发表的一篇文章。威尔金森为数值分析的发展做出了重要的贡献，1970 年获得图灵奖。

第 2 章　格拉姆-施密特过程

1879 年，格拉姆在一篇文章中研究了正交函数的构造问题，该思想被施密特于 1907 年加以推广，其向量版本被称作“传统的格拉姆-施密特过程”，英文缩写为 CGS。另一方面，拉普拉斯在 1820 年提出的计算策略一般被称作“改进的格拉姆-施密特过程”，英文缩写为 MGS。舍入误差会导致 CGS 的计算结果失去正交性，而 MGS 受到的影响要小很多。本章首先介绍基本算法，然后讨论豪斯霍尔德变换与 MGS 的等价关系，最后给出豪斯霍尔德方法和 MGS 过程的误差分析。豪斯霍尔德变换的数值特性有助于分析 MGS，因此也在本章进行讨论。

2.1　基本算法

给定矩阵 $\boldsymbol{A}=(\boldsymbol{a}_1,\cdots,\boldsymbol{a}_n)\in\mathbb{R}^{m\times n}$，其中 $m\geqslant n$，计算列向量两两正交的矩阵$\boldsymbol{Q}\in\mathbb{R}^{m\times n}$和上三角矩阵 $\boldsymbol{R}\in\mathbb{R}^{n\times n}$，使得 $\boldsymbol{A}=\boldsymbol{QR}$。第 1 章已经描述了 CGS 过程的基本原理，其核心思想是要不断做正交投影。

算法 2.1　CGS（向量形式）

for $j=1:n$

　for $i=1:j-1$

　　$r_{i,j}=\boldsymbol{q}_i^{\mathrm{T}}\boldsymbol{a}_j$

　end

　$\boldsymbol{w}_j=\boldsymbol{a}_j-\sum_{i=1}^{j-1} r_{i,j}\boldsymbol{q}_i$

$r_{j,j} = \| \boldsymbol{w}_j \|$

$\boldsymbol{q}_j = \boldsymbol{w}_j / r_{j,j}$

end

可以看到，向量 $\boldsymbol{a}_j$ 依次向已正交化的向量做投影，然后将这些分量减掉，最后做归一化。该算法也可写成矩阵形式。

算法 2.2 CGS(矩阵形式)

for $j=1:n$

$\boldsymbol{R}_{1:j-1,j} = \boldsymbol{Q}_{:,1:j-1}^{\mathrm{T}} \boldsymbol{a}_j$

$\boldsymbol{w}_j = \boldsymbol{a}_j - \boldsymbol{Q}_{:,1:j-1} \boldsymbol{R}_{1:j-1,j}$

$r_{j,j} = \| \boldsymbol{w}_j \|$

$\boldsymbol{q}_j = \boldsymbol{w}_j / r_{j,j}$

end

这里采用类似于 MATLAB 的语法，将矩阵 $\boldsymbol{A}$ 从第 i 行到第 j 行、第 k 列到第 l 列的矩阵块记作 $\boldsymbol{A}_{i:j,k:l}$，并用 $\boldsymbol{A}_{:,k:l}$ 和 $\boldsymbol{A}_{i:j,:}$ 来分别表示全部行和全部列。如果用基本线性代数库(BLAS，Basic Linear Algebra Subprograms)的分级来描述上面两个算法，那么向量形式的 CGS 是 1 级算法，因为只用了向量与向量之间的运算；矩阵形式的 CGS 是 2 级算法，因为主要用了矩阵与向量之间的运算。2 级算法能更好地利用计算机的缓存性能，因此更加高效。

改进的格拉姆-施密特过程，也就是 MGS，在数学意义上与 CGS 等价，但在数值意义上与 CGS 不同。当准备计算 $\boldsymbol{q}_j$ 时，CGS 先将 $\boldsymbol{a}_j$ 与所有正交向量组做投影，然后将分量减掉；MGS 将 $\boldsymbol{a}_j$ 与正交向量组中的某个向量做投影，减掉分量，然后做下一次投影，重复该过程直到减完全部分量。

算法 2.3 MGS(逐列计算，向量形式)

for $j=1:n$

$\boldsymbol{w}_j = \boldsymbol{a}_j$

for $i=1:j-1$

$r_{i,j} = \boldsymbol{q}_i^{\mathrm{T}} \boldsymbol{w}_j$

$\boldsymbol{w}_j = \boldsymbol{w}_j - r_{i,j} \boldsymbol{q}_i$

end

$r_{j,j} = \| \boldsymbol{w}_j \|$

$\boldsymbol{q}_j = \boldsymbol{w}_j / r_{j,j}$

end

算法 2.3 的内层循环计算 $\boldsymbol{R}$ 的第 j 列，与算法 2.1 和算法 2.2 相同，因此又被称为“逐列 MGS”。

另有一种算法可逐行计算 $\boldsymbol{R}$，即当准备计算 $\boldsymbol{q}_j$ 时，假设 $\boldsymbol{a}_j$ 已经与 $\boldsymbol{q}_1, \cdots, \boldsymbol{q}_{j-1}$ 都正交了；当 $\boldsymbol{a}_j$ 归一化得到 $\boldsymbol{q}_j$ 时，剩余向量 $\boldsymbol{a}_{j+1}, \cdots, \boldsymbol{a}_n$ 与 $\boldsymbol{q}_j$ 做投影，然后将该分量减去，于是保证了此时的 $\boldsymbol{a}_{j+1}$ 与已正交化的向量都正交；依此类推，亦可得到 MGS 过程。

算法 2.4　MGS(逐行计算，向量形式)

for $i = 1 : n$

$r_{i,i} = \| \boldsymbol{a}_i^{(i)} \|$

$\boldsymbol{q}_i = \boldsymbol{a}_i^{(i)} / r_{i,i}$

for $j = i+1 : n$

$r_{i,j} = \boldsymbol{q}_i^{\mathrm{T}} \boldsymbol{a}_j^{(i)}$

$\boldsymbol{a}_j^{(i+1)} = \boldsymbol{a}_j^{(i)} - r_{i,j} \boldsymbol{q}_i$

end

end

这里令 $\boldsymbol{a}_i^{(1)} = \boldsymbol{a}_i, i = 1, \cdots, n$。如前所述，算法 2.4 的内层循环计算 $\boldsymbol{R}$ 的第 i 行，因此可被称作“逐行 MGS”。该算法可写成矩阵形式。

算法 2.5　MGS(逐行计算，矩阵形式)

for $i = 1 : n$

$r_{i,i} = \| \boldsymbol{a}_i^{(i)} \|$

$\boldsymbol{q}_i = \boldsymbol{a}_i^{(i)} / r_{i,i}$

$\boldsymbol{R}_{i,i+1:n} = \boldsymbol{q}_i^{\mathrm{T}} \boldsymbol{A}_{:,i+1:n}^{(i)}$

$\boldsymbol{A}_{:,i+1:n}^{(i+1)} = \boldsymbol{A}_{:,i+1:n}^{(i)} - \boldsymbol{q}_i \boldsymbol{R}_{i,i+1:n}$

end

当 $i = k$ 时，令

$$\boldsymbol{A}^{(k)}=(\boldsymbol{q}_1,\cdots,\boldsymbol{q}_{k-1},\boldsymbol{a}_k^{(k)},\cdots,\boldsymbol{a}_n^{(k)}),\quad \boldsymbol{R}^{(k)}=\begin{pmatrix}1&&&&&&\\&\ddots&&&&&\\&&1&&&&\\&&&r_{k,k}&\cdots&\cdots&r_{k,n}\\&&&&1&&\\&&&&&\ddots&\\&&&&&&1\end{pmatrix},$$

其中 $\boldsymbol{R}^{(k)}$ 除对角线和第 k 行的后 $n-k+1$ 个元素之外，其他元素均为零。于是有

$$\boldsymbol{A}^{(k)}=\boldsymbol{A}^{(k+1)}\boldsymbol{R}^{(k)},\quad \boldsymbol{Q}=\boldsymbol{A}^{(n+1)},\quad \boldsymbol{R}=\boldsymbol{R}^{(n)}\cdots\boldsymbol{R}^{(1)}。$$

需要注意，由于投影的依赖关系，逐列 MGS 算法不能矩阵化，因此只能是 1 级算法，而逐行 MGS 可以是 2 级算法。在有些时候，待正交化的向量是依次产生的，当计算 $\boldsymbol{q}_j$ 时，$\boldsymbol{a}_{j+1},\cdots,\boldsymbol{a}_n$ 并不存在，因此无法进行逐行计算，这时只能采用算法 2.3 进行逐列计算。格拉姆-施密特过程大约需要 $2mn^2$ 次浮点运算。这里和后文均假设计算复杂度忽略低次项，而长度为 m 的向量内积需要大约 $2m$ 次浮点运算。

在数学意义上，CGS 和 MGS 在运算顺序上的差别不影响结果。但在有限精度计算中，舍入误差导致 CGS 中的矩阵 $\boldsymbol{Q}$ 失去正交性，而 MGS 受到的影响会小很多。下面以一个例子来展示两者的不同。令

$$\boldsymbol{A}=\begin{pmatrix}1&1&1\\\delta&0&0\\0&\delta&0\\0&0&\delta\end{pmatrix},\tag{2.1}$$

其中 δ 是一个很小的正数，使得 $\mathrm{fl}(1+\delta^2)=1$。在计算机中，浮点数加减法先将指数部分对齐再做运算。当较大数与较小数相加减时，如果量级相差很大，超过了尾数范围，则较小数将被舍去。假设没有其他误差，用 CGS 做正交化，可得

$$r_{1,1}=\sqrt{1+\delta^2}=1,\quad \boldsymbol{q}_1=\begin{pmatrix}1\\\delta\\0\\0\end{pmatrix},$$

$$r_{1,2}=1,\quad \boldsymbol{w}_2=\begin{pmatrix}0\\-\delta\\\delta\\0\end{pmatrix},\quad r_{2,2}=\sqrt{2}\delta,\quad \boldsymbol{q}_2=\begin{pmatrix}0\\-\frac{1}{\sqrt{2}}\\\frac{1}{\sqrt{2}}\\0\end{pmatrix},$$

$$r_{1,3}=1,\quad r_{2,3}=0,\quad \boldsymbol{w}_3=\begin{pmatrix}0\\-\delta\\0\\\delta\end{pmatrix},\quad r_{3,3}=\sqrt{2}\delta,\quad \boldsymbol{q}_3=\begin{pmatrix}0\\-\frac{1}{\sqrt{2}}\\0\\\frac{1}{\sqrt{2}}\end{pmatrix}。$$

由此可得

$$|\boldsymbol{q}_3^{\mathrm{T}}\boldsymbol{q}_1|=\frac{1}{\sqrt{2}}\delta,\quad |\boldsymbol{q}_3^{\mathrm{T}}\boldsymbol{q}_2|=\frac{1}{2}。\tag{2.2}$$

用 MGS 做正交化，可得

$$r_{1,1}=\sqrt{1+\delta^2}=1,\quad \boldsymbol{q}_1=\begin{pmatrix}1\\\delta\\0\\0\end{pmatrix},\quad r_{1,2}=r_{1,3}=1,\quad \boldsymbol{a}_2^{(2)}=\begin{pmatrix}0\\-\delta\\\delta\\0\end{pmatrix},\quad \boldsymbol{a}_3^{(2)}=\begin{pmatrix}0\\-\delta\\0\\\delta\end{pmatrix},$$

$$r_{2,2}=\sqrt{2}\delta,\quad \boldsymbol{q}_2=\begin{pmatrix}0\\-\frac{1}{\sqrt{2}}\\\frac{1}{\sqrt{2}}\\0\end{pmatrix},\quad r_{2,3}=-\frac{\delta}{\sqrt{2}},\quad \boldsymbol{a}_3^{(3)}=\begin{pmatrix}0\\-\frac{\delta}{2}\\-\frac{\delta}{2}\\\delta\end{pmatrix},$$

$$r_{3,3}=\sqrt{\frac{3}{2}}\delta,\quad \boldsymbol{q}_3=\begin{pmatrix}0\\-\frac{1}{\sqrt{6}}\\-\frac{1}{\sqrt{6}}\\\frac{2}{\sqrt{6}}\end{pmatrix}。$$

因此

$$|\boldsymbol{q}_3^{\mathrm{T}}\boldsymbol{q}_1|=\frac{1}{\sqrt{6}}\delta,\quad |\boldsymbol{q}_3^{\mathrm{T}}\boldsymbol{q}_2|=0。\tag{2.3}$$

比较式(2.2)和式(2.3)可看到,由 MGS 得到的 $\boldsymbol{Q}$ 正交性更好。令 $\hat{\boldsymbol{Q}}$ 和 $\hat{\boldsymbol{R}}$ 分别表示计算得到的列向量两两正交的矩阵和上三角矩阵。将 $\|\boldsymbol{I}-\hat{\boldsymbol{Q}}^{\mathrm{T}}\hat{\boldsymbol{Q}}\|$ 和 $\|\boldsymbol{Q}-\hat{\boldsymbol{Q}}\|$ 定义为“正交损失”,将 $\|\boldsymbol{A}-\hat{\boldsymbol{Q}}\hat{\boldsymbol{R}}\|$ 定义为“残差”。后文会用到其他形式不同,但意义类似的定义。1966 年,莱斯(J. R. Rice)通过数值实验观察到,CGS 和 MGS 都能得到残差较小的结果,但 CGS 的正交损失较大。

若 $\boldsymbol{A}$ 是方阵,则可定义条件数 $\kappa(\boldsymbol{A})=\|\boldsymbol{A}\|\ \|\boldsymbol{A}^{-1}\|$;若 $\boldsymbol{A}$ 不是方阵,如矩阵(2.1),亦可给出定义

$$\kappa(\boldsymbol{A})=\frac{\max\limits_{\|\boldsymbol{x}\|=1}\|\boldsymbol{A}\boldsymbol{x}\|}{\min\limits_{\|\boldsymbol{x}\|=1}\|\boldsymbol{A}\boldsymbol{x}\|}。$$

由此看出,对于矩阵(2.1),若取单位向量

$$\boldsymbol{x}=\begin{pmatrix}\frac{1}{\sqrt{3}}\\ \frac{1}{\sqrt{3}}\\ \frac{1}{\sqrt{3}}\end{pmatrix},$$

则 $\|\boldsymbol{A}\boldsymbol{x}\|$ 取得最大值;另一方面,当 $x_1+x_2+x_3=0$ 时,显然 $\|\boldsymbol{A}\boldsymbol{x}\|$ 取得最小值。故矩阵(2.1)的条件数为

$$\kappa(\boldsymbol{A})=\frac{\sqrt{3+\delta^2}}{\sqrt{(x_1^2+x_2^2+x_3^2)\delta^2}}=\frac{\sqrt{3}}{\delta}。$$

因此矩阵(2.1)是一个病态矩阵。

2.2 豪斯霍尔德变换与 MGS 的等价关系

1967 年,比约克(A. Bjorck)首次对 MGS 过程的舍入误差进行理论分析。

1968 年，比约克得知豪斯霍尔德方法与 MGS 过程具有数值意义上的等价关系，该结果由谢菲尔德（C. Sheffield）在早前观察到，并由戈卢布（G. Golub）告知比约克。1992 年，比约克与佩奇（C. Paige）对该结果进行了详细分析，该文章简记为 BP92。本节介绍豪斯霍尔德变换与 MGS 过程的等价关系。

第 1 章已介绍过豪斯霍尔德过程。令 $\boldsymbol{H}_j \in \mathbb{R}^{m\times m}$ 为豪斯霍尔德矩阵，$j=1,\cdots,n$，则

$$\boldsymbol{H}_j = \boldsymbol{I} - 2\frac{\boldsymbol{v}_j\boldsymbol{v}_j^{\mathrm{T}}}{\boldsymbol{v}_j^{\mathrm{T}}\boldsymbol{v}_j}, \quad \boldsymbol{v}_j = \boldsymbol{x}_j + \mathrm{sign}(a_{j,j}^{(j)})\,\|\boldsymbol{x}_j\|\,\boldsymbol{e}_j, \tag{2.4}$$

其中

$$\boldsymbol{x}_j = (0,\cdots,0,a_{j,j}^{(j)},\cdots,a_{m,j}^{(j)})^{\mathrm{T}}。$$

然后 $\boldsymbol{A}^{(j+1)} = \boldsymbol{H}_j\boldsymbol{A}^{(j)}$，其中 $\boldsymbol{A}^{(1)} = \boldsymbol{A}$。此时前 j 列完成上三角化。最后有 $\boldsymbol{A}=\boldsymbol{QR}$，其中 $\boldsymbol{R}$ 等于 $\boldsymbol{A}^{(n+1)}$ 的前 n 行，$\boldsymbol{Q}$ 等于 $\boldsymbol{H}_1\cdots\boldsymbol{H}_n$ 的前 n 列。

算法 2.6　豪斯霍尔德 QR 分解

for $j=1:n$

　$\boldsymbol{a}_j^{(j)} = \boldsymbol{H}_{j-1}\cdots\boldsymbol{H}_1\boldsymbol{a}_j^{(1)}$

　$\boldsymbol{x}_j = (0,\cdots,0,a_{j,j}^{(j)},\cdots,a_{m,j}^{(j)})^{\mathrm{T}}$

　$\boldsymbol{v}_j = \boldsymbol{x}_j + \mathrm{sign}(a_{j,j}^{(j)})\,\|\boldsymbol{x}_j\|\,\boldsymbol{e}_j$

　$\boldsymbol{H}_j = \boldsymbol{I} - 2(\boldsymbol{v}_j\boldsymbol{v}_j^{\mathrm{T}})/(\boldsymbol{v}_j^{\mathrm{T}}\boldsymbol{v}_j)$

　$\boldsymbol{r}_j = \boldsymbol{H}_j\boldsymbol{a}_j^{(j)}$

　$\boldsymbol{q}_j = \boldsymbol{H}_1\cdots\boldsymbol{H}_j\boldsymbol{e}_j$

end

上述算法在具体实现时可以更加高效。例如，很多时候不需要得到 $\boldsymbol{Q}$，从而算法 2.6 的最后一步可省略，且无须显式构建 $\boldsymbol{H}_j$。令

$$\widetilde{\boldsymbol{H}}_j = \boldsymbol{I} - 2\frac{\widetilde{\boldsymbol{v}}_j\widetilde{\boldsymbol{v}}_j^{\mathrm{T}}}{\widetilde{\boldsymbol{v}}_j^{\mathrm{T}}\widetilde{\boldsymbol{v}}_j}, \quad \widetilde{\boldsymbol{v}}_j = \widetilde{\boldsymbol{x}}_j + \mathrm{sign}(a_{j,j}^{(j)})\,\|\widetilde{\boldsymbol{x}}_j\|\,\boldsymbol{e}_1, \tag{2.5}$$

其中

$$\widetilde{\boldsymbol{x}}_j = (a_{j,j}^{(j)},\cdots,a_{m,j}^{(j)})^{\mathrm{T}}。$$

故

$$\boldsymbol{A}_{j:m,j:n}^{(j+1)} = \widetilde{\boldsymbol{H}}_j\boldsymbol{A}_{j:m,j:m}^{(j)} = \boldsymbol{A}_{j:m,j:m}^{(j)} - 2\frac{\widetilde{\boldsymbol{v}}_j}{\widetilde{\boldsymbol{v}}_j^{\mathrm{T}}\widetilde{\boldsymbol{v}}_j}(\widetilde{\boldsymbol{v}}_j^{\mathrm{T}}\boldsymbol{A}_{j:m,j:m}^{(j)}),$$

即只需要对右下角的矩阵块做豪斯霍尔德变换，且无须显式构建豪斯霍尔德矩阵，从而减少计算量。令 $\alpha_j=-\text{sign}(a_{j,j}^{(j)})\|\tilde{\boldsymbol{x}}_j\|$，则 $\tilde{\boldsymbol{v}}_j=\tilde{\boldsymbol{x}}_j-\alpha_j\boldsymbol{e}_1$。令 $\tilde{v}_{1,j}$ 为 $\tilde{\boldsymbol{v}}_j$ 的第一个元素。由

$$\alpha_j\tilde{v}_{1,j}=\alpha_j(a_{j,j}^{(j)}-\alpha_j)=\alpha_j a_{j,j}^{(j)}-\|\tilde{\boldsymbol{x}}_j\|^2=-\tilde{\boldsymbol{v}}_j^{\mathrm{T}}\tilde{\boldsymbol{x}}_j$$

可得

$$\tilde{\boldsymbol{v}}_j^{\mathrm{T}}\tilde{\boldsymbol{v}}_j=\tilde{\boldsymbol{x}}_j^{\mathrm{T}}\tilde{\boldsymbol{x}}_j-2\alpha_j\tilde{\boldsymbol{x}}_j^{\mathrm{T}}\boldsymbol{e}_1+\alpha_j^2=2\tilde{\boldsymbol{x}}_j^{\mathrm{T}}\tilde{\boldsymbol{x}}_j-2\alpha_j\tilde{\boldsymbol{x}}_j^{\mathrm{T}}\boldsymbol{e}_1=2\tilde{\boldsymbol{v}}_j^{\mathrm{T}}\tilde{\boldsymbol{x}}_j=-2\alpha_j\tilde{v}_{1,j},$$

代入式(2.5)，有

$$\tilde{\boldsymbol{H}}_j=\boldsymbol{I}+\frac{\tilde{\boldsymbol{v}}_j\tilde{\boldsymbol{v}}_j^{\mathrm{T}}}{\alpha_j\tilde{v}_{1,j}},\quad \alpha_j=-\text{sign}(a_{j,j}^{(j)})\|\tilde{\boldsymbol{x}}_j\|。\tag{2.6}$$

如果不需要构建 $\boldsymbol{Q}$，那么豪斯霍尔德算法大约需要 $2mn^2-(2/3)n^3$ 次浮点运算；若需要构建 $\boldsymbol{Q}$，则计算量变为 $4m^2n-4mn^2+(4/3)n^3$。前文说过 CGS 和 MGS 的计算量为 $2mn^2$，因此当不需要计算 $\boldsymbol{Q}$ 时，豪斯霍尔德算法更加高效。

下面给出豪斯霍尔德变换与 MGS 的等价关系。给定矩阵 $\boldsymbol{A}=(a_1,\cdots,a_n)\in\mathbb{R}^{m\times n}$，其中 $m\geqslant n$。不妨假设 $\boldsymbol{A}$ 的秩为 n。给定列向量两两正交的矩阵 $\boldsymbol{Q}\in\mathbb{R}^{m\times n}$ 和上三角矩阵 $\boldsymbol{R}\in\mathbb{R}^{n\times n}$，使得 $\boldsymbol{A}=\boldsymbol{QR}$。然后，令

$$\bar{\boldsymbol{A}}=\begin{pmatrix}\boldsymbol{O}_n\\ \boldsymbol{A}\end{pmatrix},\quad \bar{\boldsymbol{Q}}=\begin{pmatrix}\bar{\boldsymbol{Q}}_{11} & \bar{\boldsymbol{Q}}_{12}\\ \bar{\boldsymbol{Q}}_{21} & \bar{\boldsymbol{Q}}_{22}\end{pmatrix},\quad \bar{\boldsymbol{R}}=\begin{pmatrix}\bar{\boldsymbol{R}}_1\\ \boldsymbol{0}\end{pmatrix},\tag{2.7}$$

使得 $\bar{\boldsymbol{A}}=\bar{\boldsymbol{Q}}\bar{\boldsymbol{R}}$，其中 $\boldsymbol{O}_n\in\mathbb{R}^{n\times n}$ 为零矩阵，$\bar{\boldsymbol{Q}}\in\mathbb{R}^{(m+n)\times(m+n)}$ 为正交矩阵，$\bar{\boldsymbol{R}}_1\in\mathbb{R}^{n\times n}$ 为上三角矩阵。容易验证，$\boldsymbol{Q}_{11}$ 为零矩阵，进而 $\bar{\boldsymbol{Q}}_{21}\in\mathbb{R}^{m\times n}$ 有正交的列向量。

定理 2.1 设 $\boldsymbol{A}$ 的秩为 n。若由 MGS 计算 $\boldsymbol{A}=\boldsymbol{QR}$，由豪斯霍尔德算法计算 $\bar{\boldsymbol{A}}=\bar{\boldsymbol{Q}}\bar{\boldsymbol{R}}$，其中 $\boldsymbol{R}$ 和 $\bar{\boldsymbol{R}}_1$ 的对角元为正，则 $\bar{\boldsymbol{Q}}_{21}=\boldsymbol{Q}$，$\bar{\boldsymbol{R}}_1=\boldsymbol{R}$，且计算过程在数值意义上也相同。

证明：由式(2.7)易知，$\boldsymbol{A}=\boldsymbol{QR}=\bar{\boldsymbol{Q}}_{21}\bar{\boldsymbol{R}}_1$。根据定理 1.1，QR 分解具有唯一性，故 $\bar{\boldsymbol{Q}}_{21}=\boldsymbol{Q}$，$\bar{\boldsymbol{R}}_1=\boldsymbol{R}$。由 $\boldsymbol{A}$ 的秩为 n 可知 $\bar{\boldsymbol{R}}_1$ 的秩也为 n，因此 $\bar{\boldsymbol{Q}}_{11}$ 为零矩阵。令

$$\bar{\boldsymbol{Q}}^{\mathrm{T}}=\bar{\boldsymbol{H}}_n\cdots\bar{\boldsymbol{H}}_1,\quad \bar{\boldsymbol{H}}_j=\boldsymbol{I}-2\frac{\bar{\boldsymbol{v}}_j\bar{\boldsymbol{v}}_j^{\mathrm{T}}}{\bar{\boldsymbol{v}}_j^{\mathrm{T}}\bar{\boldsymbol{v}}_j},$$

其中 $\bar{\boldsymbol{v}}_j$ 为 $m+n$ 维列向量，$j=1,\cdots,n$。再令 $\bar{\boldsymbol{\alpha}}_j=\|\boldsymbol{a}_j^{(j)}\|$，$\bar{\boldsymbol{A}}^{(1)}=\bar{\boldsymbol{A}}$，$\boldsymbol{A}^{(1)}=\boldsymbol{A}$。于是豪斯霍尔德向量和矩阵分别为

$$\bar{\boldsymbol{v}}_1=\bar{\boldsymbol{a}}_1-\bar{\boldsymbol{\alpha}}_1\boldsymbol{e}_1=\begin{pmatrix}-\|\boldsymbol{a}_1\|\\0\\\vdots\\0\\\boldsymbol{a}_1\end{pmatrix},\quad \bar{\boldsymbol{H}}_1=\boldsymbol{I}-\bar{\boldsymbol{q}}_1\bar{\boldsymbol{q}}_1^{\mathrm{T}},\quad \bar{\boldsymbol{q}}_1=\begin{pmatrix}-1\\0\\\vdots\\0\\\boldsymbol{q}_1\end{pmatrix},$$

其中 $\bar{\boldsymbol{v}}_1^{\mathrm{T}}\bar{\boldsymbol{v}}_1=2\|\boldsymbol{a}_1\|^2$，故 $\boldsymbol{q}_1=\boldsymbol{a}_1/\|\boldsymbol{a}_1\|$ 与 MGS 在第一步计算的结果相同。然后，

$$\bar{\boldsymbol{H}}_1\bar{\boldsymbol{a}}_k=\bar{\boldsymbol{a}}_k-\bar{\boldsymbol{q}}_1(\boldsymbol{q}_1^{\mathrm{T}}\boldsymbol{a}_k)=\begin{pmatrix}\boldsymbol{q}_1^{\mathrm{T}}\boldsymbol{a}_k\\0\\\vdots\\0\\\boldsymbol{a}_k-\boldsymbol{q}_1(\boldsymbol{q}_1^{\mathrm{T}}\boldsymbol{a}_k)\end{pmatrix}=\begin{pmatrix}r_{1,k}\\0\\\vdots\\0\\\boldsymbol{a}_k^{(2)}\end{pmatrix},$$

其中 $k=2,\cdots,n$，第一列的首个元素为 $\|\boldsymbol{a}_1\|$。故 $\bar{\boldsymbol{A}}^{(2)}=\bar{\boldsymbol{H}}_1\bar{\boldsymbol{A}}$ 的第一行等于 $\boldsymbol{R}$ 的第一行，后 m 行等于 $\boldsymbol{A}^{(2)}$。容易看到，豪斯霍尔德算法的第一步与 MGS 的第一步完全相同，因此两者在数值意义上等价。类似地，第 j 步的豪斯霍尔德向量和矩阵为

$$\bar{\boldsymbol{v}}_j=\begin{pmatrix}-\|\boldsymbol{a}_j^{(j)}\|\boldsymbol{e}_j\\\boldsymbol{a}_j^{(j)}\end{pmatrix},\quad \bar{\boldsymbol{H}}_j=\boldsymbol{I}-\bar{\boldsymbol{q}}_j\bar{\boldsymbol{q}}_j^{\mathrm{T}},\quad \bar{\boldsymbol{q}}_j=\begin{pmatrix}-\boldsymbol{e}_j\\\boldsymbol{q}_j\end{pmatrix},$$

其中 $\boldsymbol{e}_j$ 为 n 阶单位矩阵的第 j 列，$\boldsymbol{q}_j=\boldsymbol{a}_j^{(j)}/\|\boldsymbol{a}_j^{(j)}\|$。故

$$\bar{\boldsymbol{H}}_j\bar{\boldsymbol{a}}_k^{(j)}=\bar{\boldsymbol{a}}_k^{(j)}-\bar{\boldsymbol{q}}_j(\boldsymbol{q}_j^{\mathrm{T}}\boldsymbol{a}_k^{(j)})=\begin{pmatrix}\boldsymbol{q}_1^{\mathrm{T}}\boldsymbol{a}_k^{(1)}\\\vdots\\\boldsymbol{q}_j^{\mathrm{T}}\boldsymbol{a}_k^{(j)}\\0\\\vdots\\0\\\boldsymbol{a}_k^{(j)}-\boldsymbol{q}_j(\boldsymbol{q}_j^{\mathrm{T}}\boldsymbol{a}_k^{(j)})\end{pmatrix}=\begin{pmatrix}r_{1,k}\\\vdots\\r_{j,k}\\0\\\vdots\\0\\\boldsymbol{a}_k^{(j+1)}\end{pmatrix},$$

其中 $k=j+1,\cdots,n$，第 j 列的第 j 个元素为 $\|\boldsymbol{a}_j^{(j)}\|$。可以看到，豪斯霍尔德算法的第 j 步与 MGS 的第 j 步也完全相同。因此，两者在数值意义上等价。证毕。

回顾式(2.7)，已知 $\bar{\boldsymbol{Q}}_{11}=\boldsymbol{O}_n$，$\boldsymbol{Q}_{21}=\boldsymbol{Q}$。由对称性可知 $\bar{\boldsymbol{Q}}_{12}=\boldsymbol{Q}^{\mathrm{T}}$。当 $i\neq j$ 时，有

$\bar{\boldsymbol{q}}_i^{\mathrm{T}}\bar{\boldsymbol{q}}_j=\boldsymbol{e}_i^{\mathrm{T}}\boldsymbol{e}_j+\boldsymbol{q}_i^{\mathrm{T}}\boldsymbol{q}_j=0$，故

$$\bar{\boldsymbol{H}}_i\bar{\boldsymbol{H}}_j=(\boldsymbol{I}-\bar{\boldsymbol{q}}_i\boldsymbol{q}_i^{\mathrm{T}})(\boldsymbol{I}-\bar{\boldsymbol{q}}_j\boldsymbol{q}_j^{\mathrm{T}})=\boldsymbol{I}-\bar{\boldsymbol{q}}_i\boldsymbol{q}_i^{\mathrm{T}}-\bar{\boldsymbol{q}}_j\boldsymbol{q}_j^{\mathrm{T}},$$

因此

$$\bar{\boldsymbol{Q}}_{22}=\boldsymbol{I}-\boldsymbol{q}_1\boldsymbol{q}_1^{\mathrm{T}}-\cdots-\boldsymbol{q}_n\boldsymbol{q}_n^{\mathrm{T}}=\boldsymbol{I}-\boldsymbol{Q}\boldsymbol{Q}^{\mathrm{T}}。$$

于是，式(2.7)又可记作

$$\bar{\boldsymbol{A}}=\begin{pmatrix}\boldsymbol{O}_n\\ \boldsymbol{A}\end{pmatrix},\quad \bar{\boldsymbol{Q}}=\begin{pmatrix}\boldsymbol{O}_n & \boldsymbol{Q}^{\mathrm{T}}\\ \boldsymbol{Q} & \boldsymbol{I}-\boldsymbol{Q}\boldsymbol{Q}^{\mathrm{T}}\end{pmatrix},\quad \bar{\boldsymbol{R}}=\begin{pmatrix}\boldsymbol{R}\\ \boldsymbol{0}\end{pmatrix}。\tag{2.8}$$

可以看到，式(2.8)展示了 MGS 和豪斯霍尔德算法的等价关系，即用豪斯霍尔德算法分解 $\bar{\boldsymbol{A}}$ 所得到的$\boldsymbol{Q}$ 和$\boldsymbol{R}$ 与用 MGS 分解$\boldsymbol{A}$ 所得到的结果是相同的，且有限精度条件下得到的 $\hat{\boldsymbol{R}}$ 也具有等价关系。但值得注意的是，有限精度下的 $\bar{\boldsymbol{Q}}$，记作 $\hat{\boldsymbol{Q}}'$，若需要显式构建，则需要由 n 个豪斯霍尔德矩阵相乘得到，该过程是稳定的，即所得 $\hat{\boldsymbol{Q}}'$是近似正交的，下一节会做详细分析；然而，有限精度下的 $\boldsymbol{Q}$，记作 $\hat{\boldsymbol{Q}}$，是由 MGS 通过投影法得到的，而投影过程会产生较大的正交损失。因此，$\hat{\boldsymbol{Q}}$ 与 $\hat{\boldsymbol{Q}}'$的左下矩阵块不等价，也就是说当 $\hat{\boldsymbol{Q}}'$的正交损失很小时，$\hat{\boldsymbol{Q}}$ 的正交损失可能较大。因此，一般称豪斯霍尔德算法比 MGS 更稳定，主要体现在计算结果的正交性上。

2.3 豪斯霍尔德方法的误差分析

威尔金森在 20 世纪 60 年代研究了豪斯霍尔德变换，并将误差分析总结在他 1965 年的书中。海厄姆(N. J. Higham)在 90 年代进一步改进了分析过程。在本节中，给定 $\boldsymbol{A}\in\mathbb{R}^{m\times n}$，其中 $m\geqslant n$。计算正交矩阵 $\boldsymbol{Q}\in\mathbb{R}^{m\times m}$ 和对角线下方为零的矩阵 $\boldsymbol{R}\in\mathbb{R}^{m\times n}$，使得 $\boldsymbol{A}=\boldsymbol{Q}\boldsymbol{R}$。由此可知，$\boldsymbol{A}=\boldsymbol{Q}_{:,1:n}\boldsymbol{R}_{1:n,:}$。将有限精度下计算得到的矩阵分别记作 $\hat{\boldsymbol{Q}}$ 和 $\hat{\boldsymbol{R}}$。令 $\boldsymbol{H}_j\in\mathbb{R}^{m\times m}$为豪斯霍尔德矩阵，$j=1,\cdots,n$，满足式(2.4)。豪斯霍尔德算法可分为以下 3 个步骤：

① $\boldsymbol{v}_j$ 的构建过程(引理 2.3)；

② $\boldsymbol{H}_j$ 与向量的乘法(引理 2.6)；

③ 上三角化过程(引理 2.7)。

因此,需要首先讨论上述过程的误差,然后在此基础上讨论豪斯霍尔德 QR 分解算法的误差。其中,首先针对 $\hat{\boldsymbol{R}}$ 给出豪斯霍尔德算法的后向误差,即给出 $\Delta\boldsymbol{A}$ 的上界,使得 $\boldsymbol{A}+\Delta\boldsymbol{A}=\tilde{\boldsymbol{Q}}\hat{\boldsymbol{R}}$ 成立,其中 $\tilde{\boldsymbol{Q}}$ 为正交矩阵;然后给出正交误差 $\tilde{\boldsymbol{Q}}-\hat{\boldsymbol{Q}}$ 的上界和残差 $\boldsymbol{A}-\hat{\boldsymbol{Q}}\hat{\boldsymbol{R}}$ 的上界。正交误差和残差都可看作前向误差。这里 $\boldsymbol{A}$ 是输入变量,因此残差也是以 $\hat{\boldsymbol{Q}}\hat{\boldsymbol{R}}$ 为输出结果的后向误差。相关结论总结在定理 2.8 中。

2.3.1　豪斯霍尔德向量的构建

下面按顺序进行分析。首先,在引理 1.3 的基础上,给出两个实用结论。

引理 2.2　若对任意正整数 k,将 θ_k 定义为满足 $|\theta_k|\leqslant\gamma_k$ 的实数,则对任意正整数 i,j,有下式成立:

$$(1+\theta_i)(1+\theta_j)=1+\theta_{i+j},\tag{2.9a}$$

$$\frac{1+\theta_i}{1+\theta_j}=\begin{cases}1+\theta_{i+j}, & i\geqslant j,\\ 1+\theta_{i+2j}, & i<j。\end{cases}\tag{2.9b}$$

证明:由式(1.7)可知,

$$\gamma_n=\frac{n\varepsilon_{\mathrm{u}}}{1-n\varepsilon_{\mathrm{u}}}。$$

令 $(1+\theta_i)(1+\theta_j)=1+\mu$,于是

$$|\mu|=|\theta_i+\theta_j+\theta_i\theta_j|\leqslant\frac{i\varepsilon_{\mathrm{u}}}{1-i\varepsilon_{\mathrm{u}}}+\frac{j\varepsilon_{\mathrm{u}}}{1-j\varepsilon_{\mathrm{u}}}+\frac{i\varepsilon_{\mathrm{u}}}{1-i\varepsilon_{\mathrm{u}}}\cdot\frac{j\varepsilon_{\mathrm{u}}}{1-j\varepsilon_{\mathrm{u}}}$$

$$=\frac{i\varepsilon_{\mathrm{u}}+j\varepsilon_{\mathrm{u}}-ij\varepsilon_{\mathrm{u}}^2}{(1-i\varepsilon_{\mathrm{u}})(1-j\varepsilon_{\mathrm{u}})}\leqslant\frac{(i+j)\varepsilon_{\mathrm{u}}}{1-(i+j)\varepsilon_{\mathrm{u}}}=\gamma_{i+j},$$

故式(2.9a)得证。

再令 $(1+\theta_i)/(1+\theta_j)=1+\mu$,有

$$|\mu|=\left|\frac{\theta_i-\theta_j}{1+\theta_j}\right|\leqslant\frac{\dfrac{i\varepsilon_{\mathrm{u}}}{1-i\varepsilon_{\mathrm{u}}}+\dfrac{j\varepsilon_{\mathrm{u}}}{1-j\varepsilon_{\mathrm{u}}}}{1-\dfrac{j\varepsilon_{\mathrm{u}}}{1-j\varepsilon_{\mathrm{u}}}}=\frac{i\varepsilon_{\mathrm{u}}+j\varepsilon_{\mathrm{u}}-ij\varepsilon_{\mathrm{u}}^2}{(1-i\varepsilon_{\mathrm{u}})(1-2j\varepsilon_{\mathrm{u}})}$$

$$\leqslant\frac{(i+2j)\varepsilon_{\mathrm{u}}}{1-(i+2j)\varepsilon_{\mathrm{u}}}=\gamma_{i+2j},$$

特别地，若 $i \geqslant j$，则 $1-2j\varepsilon_u \geqslant 1-(i+j)\varepsilon_u$，于是

$$|\mu| \leqslant \frac{i\varepsilon_u + j\varepsilon_u - ij\varepsilon_u^2}{(1-i\varepsilon_u)(1-2j\varepsilon_u)} \leqslant \frac{(i+j)\varepsilon_u}{1-(i+j)\varepsilon_u} = \gamma_{i+j},$$

故式(2.9b)得证，从而引理得证。

下面给出 $\boldsymbol{v}_j$ 构建过程的误差。

引理 2.3 若将 m 维豪斯霍尔德向量 $\boldsymbol{v}_j$ 的浮点运算结果记作 $\hat{\boldsymbol{v}}_j$，则

$$\hat{\boldsymbol{v}}_j = \boldsymbol{v}_j + \Delta\boldsymbol{v}_j, \quad |\Delta\boldsymbol{v}_j| \leqslant \gamma_{m+2}|\boldsymbol{v}_j|。$$

证明：根据式(2.4)，$\boldsymbol{v}_j$ 中有 $m-1$ 个元素无须计算，仅有第 j 个元素受到误差影响。计算过程可重新写作

$$\nu = x_{j,j} + \mu, \mu = \mathrm{sign}(x_{j,j}) \|\boldsymbol{x}_j\|,$$

其中 $\boldsymbol{x}_j$ 为 m 维目标向量，ν 为 $\boldsymbol{v}_j$ 中受到误差影响的元素。由 1.2 节的分析可知

$$\mathrm{fl}(\boldsymbol{x}_j^{\mathrm{T}}\boldsymbol{x}_j) = \boldsymbol{x}_j^{\mathrm{T}}\boldsymbol{x}_j(1+\theta_m),$$

故

$$\mathrm{fl}(\|\boldsymbol{x}_j\|) = (1+\delta)\sqrt{\boldsymbol{x}_j^{\mathrm{T}}\boldsymbol{x}_j(1+\theta_m)} = (1+\theta_1)(\boldsymbol{x}_j^{\mathrm{T}}\boldsymbol{x}_j)^{\frac{1}{2}}(1+\theta_m)^{\frac{1}{2}}。$$

易知

$$(1+\theta_m)^{\frac{1}{2}} \leqslant \left(\frac{1}{1-m\varepsilon_u}\right)^{\frac{1}{2}} \leqslant \frac{1}{1-m\varepsilon_u} = 1+\gamma_m,$$

故 $\sqrt{1+\theta_m} = 1+\theta_m$。由式(2.9a)，有

$$\mathrm{fl}(\|\boldsymbol{x}_j\|) = (\boldsymbol{x}_j^{\mathrm{T}}\boldsymbol{x}_j)^{\frac{1}{2}}(1+\theta_{m+1}) = \|\boldsymbol{x}_j\|(1+\theta_{m+1}),$$

从而 $\hat{\mu} = \mu(1+\theta_{m+1})$。于是

$$\hat{v} = (x_{j,j} + \hat{\mu})(1+\delta) = \nu(1+\theta_{m+2}) = \nu + \Delta\nu, |\Delta\nu| \leqslant \gamma_{m+2}|\nu|。$$

向量 $\boldsymbol{v}_j$ 的全部元素都满足上式，故引理得证。

2.3.2 豪斯霍尔德矩阵-向量乘法

上述分析结果表明，豪斯霍尔德向量构建过程的误差很小。接下来要讨论豪斯霍尔德变换。在此之前，先给出一个通用结论。

引理 2.4 若 $\boldsymbol{a}, \boldsymbol{b}, \boldsymbol{x} \in \mathbb{R}^n$，$\boldsymbol{y} = (\boldsymbol{I} - \boldsymbol{a}\boldsymbol{b}^{\mathrm{T}})\boldsymbol{x}$，且运算顺序为 $\boldsymbol{z} = \boldsymbol{a}(\boldsymbol{b}^{\mathrm{T}}\boldsymbol{x})$，$\boldsymbol{y} = \boldsymbol{x} - \boldsymbol{z}$，则浮点运算结果满足 $\hat{\boldsymbol{y}} = \boldsymbol{y} + \Delta\boldsymbol{y}$，其中

$$|\Delta \boldsymbol{y}| \leqslant \gamma_{n+3}(\boldsymbol{I}+|\boldsymbol{a}||\boldsymbol{b}^{\mathrm{T}}|)|\boldsymbol{x}|,$$

进而有

$$\|\Delta \boldsymbol{y}\| \leqslant \gamma_{n+3}(1+\|\boldsymbol{a}\| \|\boldsymbol{b}\|)\|\boldsymbol{x}\|。$$

证明：由式(1.9)可知

$$\mathrm{fl}(\boldsymbol{b}^{\mathrm{T}}\boldsymbol{x})=\boldsymbol{b}^{\mathrm{T}}(\boldsymbol{x}+\Delta\boldsymbol{x}), \quad |\Delta\boldsymbol{x}| \leqslant \gamma_n|\boldsymbol{x}|,$$

故

$$\hat{\boldsymbol{z}}=\mathrm{fl}(\boldsymbol{a}\cdot\mathrm{fl}(\boldsymbol{b}^{\mathrm{T}}\boldsymbol{x}))=(\boldsymbol{a}+\Delta\boldsymbol{a})\boldsymbol{b}^{\mathrm{T}}(\boldsymbol{x}+\Delta\boldsymbol{x}), \quad |\Delta\boldsymbol{a}| \leqslant \varepsilon_{\mathrm{u}}|\boldsymbol{a}|, \quad |\Delta\boldsymbol{x}| \leqslant \gamma_n|\boldsymbol{x}|,$$

进而有

$$\hat{\boldsymbol{z}}=\boldsymbol{a}\boldsymbol{b}^{\mathrm{T}}\boldsymbol{x}+\boldsymbol{a}\boldsymbol{b}^{\mathrm{T}}\Delta\boldsymbol{x}+\Delta\boldsymbol{a}\boldsymbol{b}^{\mathrm{T}}\boldsymbol{x}+\Delta\boldsymbol{a}\boldsymbol{b}^{\mathrm{T}}\Delta\boldsymbol{x}=\boldsymbol{z}+\Delta\boldsymbol{z},$$

其中

$$|\Delta\boldsymbol{z}|=|\boldsymbol{a}\boldsymbol{b}^{\mathrm{T}}\Delta\boldsymbol{x}+\Delta\boldsymbol{a}\boldsymbol{b}^{\mathrm{T}}\boldsymbol{x}+\Delta\boldsymbol{a}\boldsymbol{b}^{\mathrm{T}}\Delta\boldsymbol{x}| \leqslant (\gamma_n+\varepsilon_{\mathrm{u}}+\varepsilon_{\mathrm{u}}\gamma_n)|\boldsymbol{a}||\boldsymbol{b}^{\mathrm{T}}||\boldsymbol{x}|。$$

于是

$$\hat{\boldsymbol{y}}=\mathrm{fl}(\boldsymbol{x}-\hat{\boldsymbol{z}})=\boldsymbol{x}-\boldsymbol{z}-\Delta\boldsymbol{z}+\boldsymbol{\mu}=\boldsymbol{y}+\Delta\boldsymbol{y}, \quad |\boldsymbol{\mu}| \leqslant \varepsilon_{\mathrm{u}}(|\boldsymbol{x}|+|\boldsymbol{z}|+|\Delta\boldsymbol{z}|),$$

其中

$$\begin{aligned}|\Delta\boldsymbol{y}|&=|-\Delta\boldsymbol{z}+\boldsymbol{\mu}| \leqslant (\gamma_n+\varepsilon_{\mathrm{u}}+\varepsilon_{\mathrm{u}}\gamma_n)|\boldsymbol{a}||\boldsymbol{b}^{\mathrm{T}}||\boldsymbol{x}|+\varepsilon_{\mathrm{u}}(|\boldsymbol{x}|+|\boldsymbol{z}|+|\Delta\boldsymbol{z}|)\\&\leqslant (\gamma_n+\varepsilon_{\mathrm{u}}+\varepsilon_{\mathrm{u}}\gamma_n)|\boldsymbol{a}||\boldsymbol{b}^{\mathrm{T}}||\boldsymbol{x}|+\varepsilon_{\mathrm{u}}(|\boldsymbol{x}|+|\boldsymbol{a}||\boldsymbol{b}^{\mathrm{T}}||\boldsymbol{x}|+(\gamma_n+\varepsilon_{\mathrm{u}}+\varepsilon_{\mathrm{u}}\gamma_n)|\boldsymbol{a}||\boldsymbol{b}^{\mathrm{T}}||\boldsymbol{x}|)\\&=((\gamma_n+2\varepsilon_{\mathrm{u}}+2\varepsilon_{\mathrm{u}}\gamma_n+\varepsilon_{\mathrm{u}}^2+\varepsilon_{\mathrm{u}}^2\gamma_n)|\boldsymbol{a}||\boldsymbol{b}^{\mathrm{T}}|+\varepsilon_{\mathrm{u}}\boldsymbol{I})|\boldsymbol{x}|。\end{aligned}$$

将式(1.7)代入，得

$$\begin{aligned}|\Delta\boldsymbol{y}|&\leqslant\left(\frac{(n+2)\varepsilon_{\mathrm{u}}+\varepsilon_{\mathrm{u}}^2}{1-n\varepsilon_{\mathrm{u}}}|\boldsymbol{a}||\boldsymbol{b}^{\mathrm{T}}|+\varepsilon_{\mathrm{u}}\boldsymbol{I}\right)|\boldsymbol{x}| \leqslant \left(\frac{(n+3)\varepsilon_{\mathrm{u}}}{1-(n+3)\varepsilon_{\mathrm{u}}}|\boldsymbol{a}||\boldsymbol{b}^{\mathrm{T}}|+\varepsilon_{\mathrm{u}}\boldsymbol{I}\right)|\boldsymbol{x}|\\&=(\gamma_{n+3}|\boldsymbol{a}||\boldsymbol{b}^{\mathrm{T}}|+\varepsilon_{\mathrm{u}}\boldsymbol{I})|\boldsymbol{x}| \leqslant \gamma_{n+3}(\boldsymbol{I}+|\boldsymbol{a}||\boldsymbol{b}^{\mathrm{T}}|)|\boldsymbol{x}|。\end{aligned}$$

2-范数具有一致性，即满足 $\|\boldsymbol{AB}\| \leqslant \|\boldsymbol{A}\| \|\boldsymbol{B}\|$，其中 $\|\boldsymbol{A}\|=\max\limits_{\|\boldsymbol{x}\|=1}\|\boldsymbol{Ax}\|$，则

$$\begin{aligned}\|\Delta\boldsymbol{y}\| &\leqslant \|\gamma_{n+3}(\boldsymbol{I}+|\boldsymbol{a}||\boldsymbol{b}^{\mathrm{T}}|)|\boldsymbol{x}|\| \leqslant \gamma_{n+3}\|\boldsymbol{I}+|\boldsymbol{a}||\boldsymbol{b}^{\mathrm{T}}|\| \|\boldsymbol{x}\|\\&\leqslant \gamma_{n+3}(1+\|\boldsymbol{a}\| \|\boldsymbol{b}\|)\|\boldsymbol{x}\|。\end{aligned}$$

引理得证。

引理 2.4 的证明过程涉及 ε_{u} 和 γ_k 的基本运算，下面总结归纳这些运算以及相应的不等关系。

引理 2.5　若 γ_k 满足式(1.7)的定义，且令正整数 i,j 满足 $\max(i,j)\varepsilon_{\mathrm{u}} \leqslant 1/2$，则

$$\gamma_i\gamma_j \leqslant \gamma_{\min(i,j)}, \tag{2.10a}$$

$$i\gamma_j \leqslant \gamma_{ij}, \tag{2.10b}$$

$$\varepsilon_u + \gamma_j \leqslant \gamma_{j+1}, \tag{2.10c}$$

$$\gamma_i + \gamma_j + \gamma_i\gamma_j \leqslant \gamma_{i+j}。 \tag{2.10d}$$

证明:首先用给定条件验证式(2.10a)。根据 γ_k 的定义,有

$$\gamma_i\gamma_j = \frac{ij\varepsilon_u^2}{(1-i\varepsilon_u)(1-j\varepsilon_u)} \leqslant \frac{\frac{1}{2}\min(i,j)\varepsilon_u}{\frac{1}{2}(1-\min(i,j)\varepsilon_u)} = \gamma_{\min(i,j)}。$$

其余 3 个不等式只需满足 γ_k 的分母为正这一基本条件,如引理 1.3 所示。容易得到

$$i\gamma_j = \frac{ij\varepsilon_u}{1-j\varepsilon_u} \leqslant \frac{ij\varepsilon_u}{1-ij\varepsilon_u} = \gamma_{ij},$$

$$\varepsilon_u + \gamma_j = \frac{(1-j\varepsilon_u)\varepsilon_u}{1-j\varepsilon_u} + \frac{j\varepsilon_u}{1-j\varepsilon_u} \leqslant \frac{\varepsilon_u + j\varepsilon_u}{1-j\varepsilon_u} \leqslant \frac{(j+1)\varepsilon_u}{1-(j+1)\varepsilon_u} = \gamma_{j+1},$$

$$\gamma_i + \gamma_j + \gamma_i\gamma_j = \frac{i\varepsilon_u(1-j\varepsilon_u) + j\varepsilon_u(1-i\varepsilon_u) + ij\varepsilon_u^2}{(1-i\varepsilon_u)(1-j\varepsilon_u)} \leqslant \frac{(i+j)\varepsilon_u - ij\varepsilon_u^2}{1-(i+j)\varepsilon_u} \leqslant \gamma_{i+j}。$$

证毕。

在做误差分析时,所得结果中 γ_k 的下标形式往往较复杂,而误差分析一般不关心很小的常系数。令

$$\tilde{\gamma}_k = \frac{ck\varepsilon_u}{1-ck\varepsilon_u}。 \tag{2.11}$$

若常量 c 为很小的正数,则在误差分析时无须显式给出。若实际问题所得误差限由多个 $\tilde{\gamma}_k$ 经四则运算得出,则合并后的结果经过放缩后依然满足该形式。例如,给定很小的正整数 c,引理 2.5 的部分结论可记作

$$c\gamma_j = \tilde{\gamma}_j, \quad \varepsilon_u + \gamma_j = \tilde{\gamma}_j, \quad \gamma_c + \gamma_j + \gamma_c\gamma_j = \tilde{\gamma}_j。$$

上述记法虽不精确,但在误差分析时很实用。

下面讨论豪斯霍尔德变换 $\boldsymbol{y} = \boldsymbol{H}_j\boldsymbol{x}$。明显可以看到,引理 2.4 的运算过程与豪斯霍尔德变换过程类似。由式(2.6)可知

$$\boldsymbol{H}_j = \boldsymbol{I} - \beta_j\boldsymbol{v}_j\boldsymbol{v}_j^{\mathrm{T}}, \quad \beta_j = \frac{2}{\boldsymbol{v}_j^{\mathrm{T}}\boldsymbol{v}_j} = -\frac{1}{\alpha_j v_{j,j}}, \quad \alpha_j = -\mathrm{sign}(x_j)\|\boldsymbol{x}\|。 \tag{2.12}$$

在引理 2.4 的基础上,能够得到下面的结论。

引理 2.6　若将豪斯霍尔德变换 $\boldsymbol{y}=\boldsymbol{H}_j\boldsymbol{x}=\boldsymbol{x}-\boldsymbol{v}_j(\beta_j(\boldsymbol{v}_j^{\mathrm{T}}\boldsymbol{x}))$ 的浮点运算结果记作 $\hat{\boldsymbol{y}}$，则

$$\hat{\boldsymbol{y}}=(\boldsymbol{H}_j+\Delta\boldsymbol{H}_j)\boldsymbol{x},\quad \|\Delta\boldsymbol{H}_j\|_{\mathrm{F}}\leqslant\tilde{\gamma}_m。$$

证明：首先分析 β_j 的近似值 $\hat{\beta}_j$。由式(2.12)可得

$$\hat{\beta}_j=-\mathrm{fl}\left(\frac{1}{\mathrm{fl}(\hat{\alpha}_j\hat{v}_{j,j})}\right)。$$

由引理 2.3 及其证明过程可知

$$\hat{\alpha}_j=\alpha_j(1+\theta_{m+1}),\quad \hat{v}_{j,j}=v_{j,j}(1+\theta_{m+2}),$$

再由式(2.9)可得

$$\hat{\beta}_j=-\frac{1+\theta_2}{\alpha_j v_{j,j}(1+\theta_{m+1})(1+\theta_{m+2})}=-\frac{1+\theta_2}{\alpha_j v_{j,j}(1+\theta_{2m+3})}=\beta_j(1+\theta_{4m+8})。$$

若采用式(2.11)的记法，则

$$\hat{\beta}_j=\beta_j+\Delta\beta_j,\quad |\Delta\beta_j|\leqslant\tilde{\gamma}_m|\beta_j|。$$

令 $\mu=\boldsymbol{v}_j^{\mathrm{T}}\boldsymbol{x}$，$\boldsymbol{z}=\boldsymbol{v}_j(\beta_j\mu)$，则

$$\hat{\mu}=\mathrm{fl}(\hat{\boldsymbol{v}}_j^{\mathrm{T}}\boldsymbol{x})=(\boldsymbol{v}_j+\Delta\boldsymbol{v}_j)^{\mathrm{T}}(\boldsymbol{x}+\Delta\boldsymbol{x}),\quad |\Delta\boldsymbol{v}_j|\leqslant\gamma_{m+2}|\boldsymbol{v}_j|,\quad |\Delta\boldsymbol{x}|\leqslant\gamma_m|\boldsymbol{x}|。$$

根据引理 2.4 的证明过程和式(2.10d)，易知

$$\hat{\mu}=\mu+\Delta\mu,\quad |\Delta\mu|\leqslant(\gamma_m+\gamma_{m+2}+\gamma_m\gamma_{m+2})|\boldsymbol{v}_j^{\mathrm{T}}||\boldsymbol{x}|\leqslant\gamma_{2m+2}|\boldsymbol{v}_j^{\mathrm{T}}||\boldsymbol{x}|。$$

以上误差限均可由 $\tilde{\gamma}_m$ 表示。于是

$$\hat{\boldsymbol{z}}=\mathrm{fl}(\hat{\boldsymbol{v}}_j\cdot\mathrm{fl}(\hat{\beta}_j\hat{\mu}))=(\boldsymbol{v}_j+\Delta\boldsymbol{v}_j)(\beta_j+\Delta\beta_j)(\mu+\Delta\mu)=\boldsymbol{z}+\Delta\boldsymbol{z},$$

其中

$$\begin{aligned}|\Delta\boldsymbol{z}|&=|\boldsymbol{v}_j\Delta\beta_j\mu+\boldsymbol{v}_j\Delta\beta_j\Delta\mu+\boldsymbol{v}_j\beta_j\Delta\mu+\Delta\boldsymbol{v}_j\beta_j\mu+\Delta\boldsymbol{v}_j\beta_j\Delta\mu+\Delta\boldsymbol{v}_j\Delta\beta_j\mu+\Delta\boldsymbol{v}_j\Delta\beta_j\Delta\mu|\\&\leqslant\tilde{\gamma}_m|\beta_j||\boldsymbol{v}_j||\boldsymbol{v}_j^{\mathrm{T}}||\boldsymbol{x}|。\end{aligned}$$

上述过程省略了 γ_k 的合并步骤，但由前文的分析过程不难看出，合并结果满足式(2.11)，因此可写成 $\tilde{\gamma}_m$ 的形式。

最后，讨论 $\boldsymbol{y}=\boldsymbol{x}-\boldsymbol{z}$。根据引理 2.4 的证明过程，

$$\hat{\boldsymbol{y}}=\boldsymbol{x}-\boldsymbol{z}-\Delta\boldsymbol{z}+\boldsymbol{\xi}=\boldsymbol{y}+\Delta\boldsymbol{y},\quad |\boldsymbol{\xi}|\leqslant\varepsilon_{\mathrm{u}}(|\boldsymbol{x}|+|\boldsymbol{z}|+|\Delta\boldsymbol{z}|),$$

其中

$$|\Delta \boldsymbol{y}| \leqslant \tilde{\gamma}_m |\beta_j| |\boldsymbol{v}_j| |\boldsymbol{v}_j^{\mathrm{T}}| |\boldsymbol{x}| + \varepsilon_{\mathrm{u}}(|\boldsymbol{x}| + |\boldsymbol{z}| + |\Delta \boldsymbol{z}|) \leqslant \tilde{\gamma}_m |\beta_j| |\boldsymbol{v}_j| |\boldsymbol{v}_j^{\mathrm{T}}| |\boldsymbol{x}| + \varepsilon_{\mathrm{u}} |\boldsymbol{x}|。$$

已知 $\beta_j = 2/(\boldsymbol{v}_j^{\mathrm{T}} \boldsymbol{v}_j)$，故 $|\beta_j| \, \| \boldsymbol{v}_j \| \, \| \boldsymbol{v}_j \| = 2$，从而有

$$\hat{\boldsymbol{y}} = \boldsymbol{H}_j \boldsymbol{x} + \Delta \boldsymbol{y}, \quad \| \Delta \boldsymbol{y} \| \leqslant \tilde{\gamma}_m \| \boldsymbol{x} \|。$$

令

$$\Delta \boldsymbol{H}_j = \frac{\Delta \boldsymbol{y} \boldsymbol{x}^{\mathrm{T}}}{\boldsymbol{x}^{\mathrm{T}} \boldsymbol{x}},$$

则 $\hat{\boldsymbol{y}} = (\boldsymbol{H}_j + \Delta \boldsymbol{H}_j) \boldsymbol{x}$。易知

$$\| \Delta \boldsymbol{H}_j \|_{\mathrm{F}} = \frac{\left(\sum_{i=1}^{m} \sum_{i=1}^{m} (x_i \Delta y_i)^2 \right)^{\frac{1}{2}}}{\sum_{i=1}^{m} x_i^2} = \frac{\| \Delta \boldsymbol{y} \|}{\| \boldsymbol{x} \|} \leqslant \tilde{\gamma}_m。$$

从而引理得证。

由以上结果可以看到，豪斯霍尔德变换在 F-范数意义下是后向稳定的。由引理 2.5 和$\tilde{\gamma}_k$ 的定义可知，证明过程中少量 ε_{u}、γ_k 的加、减、乘法运算结果可记作$\tilde{\gamma}_k$，以此来表示一个很小的量，进而得到数值稳定性结论。

2.3.3 上三角化

下面讨论矩阵 $\boldsymbol{A}$ 的上三角化过程，即连续用豪斯霍尔德矩阵左乘 $\boldsymbol{A}$，从而将 $\boldsymbol{A}$ 的左下方元素逐步清零。

引理 2.7 令 $\boldsymbol{H}^{(r)} = \boldsymbol{H}_r \cdots \boldsymbol{H}_1$，$r = 1, \cdots, n$。若豪斯霍尔德上三角化过程的运算顺序为

$$\boldsymbol{A}^{(r+1)} = \boldsymbol{H}_r(\cdots(\boldsymbol{H}_1 \boldsymbol{A})),$$

且 $r\tilde{\gamma}_m < 1/2$，则浮点运算结果满足

$$\hat{\boldsymbol{A}}^{(r+1)} = \boldsymbol{H}^{(r)}(\boldsymbol{A} + \Delta \boldsymbol{A}^{(r)}), \quad \| \Delta \boldsymbol{a}_j^{(r)} \| \leqslant \tilde{\gamma}_{mr} \| \boldsymbol{a}_j \|, \quad j = 1, \cdots, n。 \tag{2.13}$$

证明：可对矩阵 $\boldsymbol{A}$ 逐列进行分析，即连续用豪斯霍尔德矩阵左乘 $\boldsymbol{a}_j$。根据引理 2.6，有限精度下的计算结果可记作

$$\hat{\boldsymbol{a}}_j^{(r+1)} = (\boldsymbol{H}_r + \Delta \boldsymbol{H}_r) \cdots (\boldsymbol{H}_1 + \Delta \boldsymbol{H}_1) \boldsymbol{a}_j, \quad \| \Delta \boldsymbol{H}_j \|_{\mathrm{F}} \leqslant \tilde{\gamma}_m, \quad j = 1, \cdots, r。$$

令 $\hat{\boldsymbol{a}}_j^{(r+1)} = \boldsymbol{H}^{(r)}(\boldsymbol{a}_j + \Delta \boldsymbol{a}_j^{(r)})$，则

$$\| \Delta \boldsymbol{a}_j^{(r)} \| = \| \boldsymbol{H}^{(r)} \Delta \boldsymbol{a}_j^{(r)} \| = \| \hat{\boldsymbol{a}}_j^{(r+1)} - \boldsymbol{H}^{(r)} \boldsymbol{a}_j \|$$

$$= \left\| \left(\prod_{i=1}^{r} (\boldsymbol{H}_i + \Delta \boldsymbol{H}_i) \right) \boldsymbol{a}_j - \left(\prod_{i=1}^{r} \boldsymbol{H}_i \right) \boldsymbol{a}_j \right\|。$$

当 $r=1$ 时，

$$\| \Delta \boldsymbol{a}_j^{(1)} \| = \| (\boldsymbol{H}_1 + \Delta \boldsymbol{H}_1) \boldsymbol{a}_j - \boldsymbol{H}_1 \boldsymbol{a}_j \| \leqslant \| \Delta \boldsymbol{H}_1 \|_F \| \boldsymbol{a}_j \| \leqslant \tilde{\gamma}_m \| \boldsymbol{a}_j \|。$$

假设当 $r=k$ 时，有

$$\| \Delta \boldsymbol{a}_j^{(k)} \| = \left\| \left(\prod_{i=1}^{k} (\boldsymbol{H}_i + \Delta \boldsymbol{H}_i) \right) \boldsymbol{a}_j - \left(\prod_{i=1}^{k} \boldsymbol{H}_i \right) \boldsymbol{a}_j \right\| \leqslant ((1+\tilde{\gamma}_m)^k - 1) \| \boldsymbol{a}_j \|，$$

则

$$\begin{aligned} \| \Delta \boldsymbol{a}_j^{(k+1)} \| &= \left\| \left(\prod_{i=1}^{k+1} (\boldsymbol{H}_i + \Delta \boldsymbol{H}_i) \right) \boldsymbol{a}_j - \left(\prod_{i=1}^{k+1} \boldsymbol{H}_i \right) \boldsymbol{a}_j \right\| \\ &= \Big\| \boldsymbol{H}_{k+1} \left[\left(\prod_{i=1}^{k} (\boldsymbol{H}_i + \Delta \boldsymbol{H}_i) \right) \boldsymbol{a}_j - \left(\prod_{i=1}^{k} \boldsymbol{H}_i \right) \boldsymbol{a}_j \right] + \\ &\quad \Delta \boldsymbol{H}_{k+1} \left(\prod_{i=1}^{k} (\boldsymbol{H}_i + \Delta \boldsymbol{H}_i) \right) \boldsymbol{a}_j \Big\| \\ &\leqslant \| \boldsymbol{H}_{k+1} \| ((1+\tilde{\gamma}_m)^k - 1) \| \boldsymbol{a}_j \| + \| \Delta \boldsymbol{H}_{k+1} \| \\ &\quad \left(\prod_{i=1}^{k} (\| \boldsymbol{H}_i \| + \| \Delta \boldsymbol{H}_i \|) \right) \| \boldsymbol{a}_j \| \\ &\leqslant ((1+\tilde{\gamma}_m)^k - 1) \| \boldsymbol{a}_j \| + \| \Delta \boldsymbol{H}_{k+1} \|_F \left(\prod_{i=1}^{k} (1 + \| \Delta \boldsymbol{H}_i \|_F) \right) \| \boldsymbol{a}_j \| \\ &\leqslant ((1+\tilde{\gamma}_m)^k - 1) \| \boldsymbol{a}_j \| + \tilde{\gamma}_m \left(\prod_{i=1}^{k} (1+\tilde{\gamma}_m) \right) \| \boldsymbol{a}_j \| \\ &= ((1+\tilde{\gamma}_m)^{k+1} - 1) \| \boldsymbol{a}_j \|， \end{aligned}$$

故

$$\begin{aligned} \| \Delta \boldsymbol{a}_j^{(r)} \| &\leqslant ((1+\tilde{\gamma}_m)^r - 1) \| \boldsymbol{a}_j \| \\ &= \left(r\tilde{\gamma}_m + \frac{r(r-1)}{2!} \tilde{\gamma}_m^2 + \cdots + \frac{r(r-1)\cdots(r-k+1)}{k!} \tilde{\gamma}_m^k + o(\tilde{\gamma}_m^{k+1}) \right) \| \boldsymbol{a}_j \| \\ &\leqslant \left(r\tilde{\gamma}_m + \frac{r^2}{2!} \tilde{\gamma}_m^2 + \cdots + \frac{r^k}{k!} \tilde{\gamma}_m^k + o(\tilde{\gamma}_m^{k+1}) \right) \| \boldsymbol{a}_j \| = \tau \| \boldsymbol{a}_j \|。 \end{aligned}$$

将上式中的泰勒展开部分与 $1-r\tilde{\gamma}_m$ 相乘，易知

$$(1-r\tilde{\gamma}_m)\tau \leqslant r\tilde{\gamma}_m - \left(r^2 \tilde{\gamma}_m^2 - \frac{r^2 \tilde{\gamma}_m^2}{2!} \right) - \cdots - \left(\frac{r^k \tilde{\gamma}_m^k}{(k-1)!} - \frac{r^k \tilde{\gamma}_m^k}{k!} \right) \leqslant r\tilde{\gamma}_m，$$

从而有

$$\|\Delta a_j^{(r)}\| \leqslant \frac{r\tilde{\gamma}_m}{1-r\tilde{\gamma}_m}\|a_j\| = r\tilde{\gamma}'_m\|a_j\| \leqslant \tilde{\gamma}'_{mr}\|a_j\|。$$

在给定条件下，$\tilde{\gamma}'_m$ 与$\tilde{\gamma}_m$ 等价，故 $\|\Delta a_j^{(r)}\| \leqslant \tilde{\gamma}_{mr}\|a_j\|$ 成立。证毕。

对上述引理补充几点说明。首先，最后的不等关系也可参考引理 1.3 的证明过程，通过数学归纳法加以证明。其次，给定条件中的 $r\tilde{\gamma}_m<1/2$ 可改为

$$\frac{1}{1-r\tilde{\gamma}_m}<c,$$

其中 c 为很小的正整数，容易看到$\tilde{\gamma}'_m$ 与$\tilde{\gamma}_m$ 的等价关系依然成立。当 $n=1$ 时，令

$$\Delta H^{(r)} = \frac{H^{(r)}\Delta a^{(r)}a^{\mathrm{T}}}{a^{\mathrm{T}}a},$$

则 $\Delta H^{(r)}a=H^{(r)}\Delta a^{(r)}$，且

$$\|\Delta H^{(r)}\|_{\mathrm{F}} = \frac{\|H^{(r)}\Delta a^{(r)}\|}{\|a\|} = \frac{\|\Delta a^{(r)}\|}{\|a\|} \leqslant \tilde{\gamma}_{mr},$$

故当 $n=1$ 时，引理 2.7 的结论可改写为

$$\hat{a}^{(r+1)} = H^{(r)}(a+\Delta a^{(r)}) = (H^{(r)}+\Delta H^{(r)})a,$$

$$\|\Delta a^{(r)}\| \leqslant \tilde{\gamma}_{mr}\|a\|, \quad \|\Delta H^{(r)}\|_{\mathrm{F}} \leqslant \tilde{\gamma}_{mr}。$$

形如式(2.13)的上界被称为逐列误差限，亦可由此推出其弱化形式 $\|\Delta A^{(r)}\|_{\mathrm{F}} \leqslant \tilde{\gamma}_{mr}\|A\|_{\mathrm{F}}$，即 F-范数误差限。最后，$a_j$ 经过 j 次变换以后，从第 $j+1$ 个元素开始都为零；而当 $k>j$ 时，H_k 不会对 a_j 产生影响。因此，容易得到

$$\|\Delta a_j^{(r)}\| \leqslant ((1+\tilde{\gamma}_m)^j-1)\|a_j\|,$$

进而有

$$\|\Delta a_j^{(r)}\| \leqslant \tilde{\gamma}_{mj}\|a_j\|。$$

该结果可替代式(2.13)，成为引理 2.7 的结论。

2.3.4 豪斯霍尔德 QR 分解

最后，综合上述结果，分析豪斯霍尔德 QR 分解算法的误差。

定理 2.8 令 $A\in\mathbb{R}^{m\times n}$，其中 $m>n$，且 A 的秩为 n。若由豪斯霍尔德算法计算 $A=QR$，其中 $Q\in\mathbb{R}^{m\times m}$为正交矩阵，$R\in\mathbb{R}^{m\times n}$对角线下方为零，则存在正交矩阵 $\tilde{Q}\in\mathbb{R}^{m\times m}$，使得浮点运算结果 $\hat{Q}$ 和 $\hat{R}$ 满足

$$A+\Delta A=\tilde{Q}\hat{R}, \quad \|\Delta a_j\| \leqslant \tilde{\gamma}_{mn} \|a_j\|, \tag{2.14a}$$

$$\|\tilde{Q}-\hat{Q}\|_F \leqslant \sqrt{n}\tilde{\gamma}_{mn}, \tag{2.14b}$$

$$A+\Delta A'=\hat{Q}\hat{R}, \quad \|\Delta a_j'\| \leqslant \sqrt{n}\tilde{\gamma}_{mn} \|a_j\|。 \tag{2.14c}$$

证明：根据引理 2.7，

$$\hat{A}^{(n+1)}=H^{(n)}(A+\Delta A^{(n)}), \quad \|\Delta a_j^{(n)}\| \leqslant \tilde{\gamma}_{mn} \|a_j\|, \quad j=1,2,\cdots,n,$$

再令 $\Delta A=\Delta A^{(n)}$，$\tilde{Q}^{\mathrm{T}}=H^{(r)}$，有

$$A+\Delta A=\tilde{Q}\hat{R}, \quad \|\Delta a_j\| \leqslant \tilde{\gamma}_{mn} \|a_j\|, \quad j=1,2,\cdots,n,$$

故式(2.14a)得证。

已知 $\tilde{Q}=H_1\cdots H_n$。可以看到，引理 2.7 的证明过程无须改动，只需令 A 为规模为 $m\times m$ 的单位矩阵 I，$H^{(r)}=\tilde{Q}$，便可得到下面的结果：

$$\hat{Q}=\tilde{Q}(I+\Delta I), \quad \|\Delta I_{:,j}\| \leqslant \tilde{\gamma}_{mn} \|I_{:,j}\| = \tilde{\gamma}_{mn}, \quad j=1,2,\cdots,m。$$

由此可得

$$\|\tilde{Q}-\hat{Q}\|_F = \|\Delta I\|_F \leqslant \tilde{\gamma}_{mn} \|I\|_F = \sqrt{n}\tilde{\gamma}_{mn},$$

故式(2.14b)得证。

由式(2.14a)可得

$$\|\hat{R}_{:,j}\| = \|\tilde{Q}\hat{R}_{:,j}\| \leqslant \|a_j\| + \|\Delta a_j\|,$$

故

$$\begin{aligned}\|\Delta a_j'\| &= \|a_j-\tilde{Q}\hat{R}_{:,j}+\tilde{Q}\hat{R}_{:,j}-\hat{Q}\hat{R}_{:,j}\| \leqslant \|\Delta a_j\| + \|\tilde{Q}-\hat{Q}\|_F \|\hat{R}_{:,j}\| \\ &\leqslant \tilde{\gamma}_{mn}\|a_j\| + \sqrt{n}\tilde{\gamma}_{mn}(\|a_j\| + \tilde{\gamma}_{mn}\|a_j\|) \\ &\leqslant (1+\sqrt{n}\tilde{\gamma}_{mn}+\sqrt{n}\tilde{\gamma}_{mn})\|a_j\| = \sqrt{n}\tilde{\gamma}'_{mn}\|a_j\|。\end{aligned}$$

由于 $\tilde{\gamma}'_{mn}$ 与 $\tilde{\gamma}_{mn}$ 等价，故式(2.14c)得证，从而定理得证。

注意到式(2.14c)就是豪斯霍尔德 QR 算法的残差，只不过是以后向误差的形式表示，因此又可写成

$$\|a_j-\hat{Q}\hat{R}_{:,j}\| \leqslant \sqrt{n}\tilde{\gamma}_{mn}\|a_j\|。$$

针对 $\hat{R}$ 的后向误差和残差也可用 F-范数表示，即

$$\|\Delta \boldsymbol{A}\|_F \leqslant \widetilde{\gamma}_{mn} \|\boldsymbol{A}\|_F, \quad \|\Delta \boldsymbol{A}'\|_F \leqslant \sqrt{n}\widetilde{\gamma}_{mn} \|\boldsymbol{A}\|_F。$$

最后需要特别说明一点。根据上述讨论，$\boldsymbol{A}=\boldsymbol{QR}$ 和 $\boldsymbol{A}+\Delta\boldsymbol{A}=\widetilde{\boldsymbol{Q}}\hat{\boldsymbol{R}}$ 中的正交矩阵都是严格正交的，且都是理论上的运算结果，实际计算时的结果是 $\hat{\boldsymbol{Q}}$。其中，$\widetilde{\boldsymbol{Q}}=\boldsymbol{H}_1\cdots\boldsymbol{H}_n$，每一个 $\boldsymbol{H}_k$ 是基于$\hat{\boldsymbol{A}}^{(k)}$构建出来的，因此 $\widetilde{\boldsymbol{Q}}$ 与 $\boldsymbol{Q}$ 虽然都是正交矩阵，但并不相同。

2.4 MGS 过程的误差分析

由定理 2.1 可知，MGS 与豪斯霍尔德算法具有数值意义上的等价关系，如式(2.8)所示，因此可借助豪斯霍尔德算法推导 MGS 的误差结论。在此之前，先以 $n=2$ 为例，展示 MGS 的正交损失情况。

给定两个 m 维向量 $\boldsymbol{q}_1$、$\boldsymbol{a}_2$，其中 $\boldsymbol{q}_1$ 为单位向量，则

$$\boldsymbol{w}_2=\boldsymbol{a}_2-\boldsymbol{q}_1(\boldsymbol{q}_1^{\mathrm{T}}\boldsymbol{a}_2)。$$

此时，CGS 与 MGS 的运算过程完全相同。由引理 2.4 可知 $\hat{\boldsymbol{w}}_2=\boldsymbol{w}_2+\Delta\boldsymbol{w}_2$，其中

$$|\Delta\boldsymbol{w}_2|\leqslant\gamma_{n+3}(\boldsymbol{I}+|\boldsymbol{q}_1||\boldsymbol{q}_1^{\mathrm{T}}|)|\boldsymbol{a}_2|。$$

假设 $\|\hat{\boldsymbol{w}}_2\|=\|\boldsymbol{w}_2\|$，故

$$\left|\boldsymbol{q}_1^{\mathrm{T}}\frac{\hat{\boldsymbol{w}}_2}{\|\hat{\boldsymbol{w}}_2\|}\right|=\left|\frac{\boldsymbol{q}_1^{\mathrm{T}}\Delta\boldsymbol{w}_2}{\|\boldsymbol{w}_2\|}\right|\leqslant 2\gamma_{n+3}\frac{\|\boldsymbol{a}_2\|}{\|\boldsymbol{w}_2\|}=\frac{2\gamma_{n+3}}{\sin\theta},$$

其中 θ 是 $\boldsymbol{a}_1$ 和 $\boldsymbol{a}_2$ 的夹角。对该结果可做进一步处理，目的是将正交损失情况与矩阵的条件数建立联系。令

$$\boldsymbol{g}_1=\frac{\|\boldsymbol{a}_1\|^2}{\boldsymbol{a}_2^{\mathrm{T}}\boldsymbol{a}_1}\boldsymbol{a}_2-\boldsymbol{a}_1,$$

易知 $\boldsymbol{g}_1^{\mathrm{T}}\boldsymbol{a}_1=\boldsymbol{0}$，且 $\boldsymbol{a}_1+\boldsymbol{g}_1$ 与 $\boldsymbol{a}_2$ 共线。令 $\boldsymbol{G}=(\boldsymbol{g}_1,\boldsymbol{0})$，且令 $\sigma_{\min}(\cdot)$和 $\sigma_{\max}(\cdot)$分别表示矩阵的最小奇异值和最大奇异值。由奇异值的特性可知

$$0=\sigma_{\min}(\boldsymbol{A}+\boldsymbol{G})\geqslant\sigma_{\min}(\boldsymbol{A})-\|\boldsymbol{G}\|,$$

从而有

$$\sigma_{\min}(\boldsymbol{A})\leqslant\|\boldsymbol{G}\|=\|\boldsymbol{g}_1\|=\|\boldsymbol{a}_1\|\tan\theta。$$

而

$$\sigma_{\max}(\boldsymbol{A}) = \|\boldsymbol{A}\| \geqslant \|\boldsymbol{a}_1\|,$$

故

$$\kappa(\boldsymbol{A}) = \frac{\sigma_{\max}(\boldsymbol{A})}{\sigma_{\min}(\boldsymbol{A})} \geqslant \cot\theta,$$

进而能够得到

$$\left|\boldsymbol{q}_1^{\mathrm{T}} \frac{\hat{\boldsymbol{w}}_2}{\|\hat{\boldsymbol{w}}_2\|}\right| \leqslant \frac{2\gamma_{n+3}}{\sin\theta} = 2\gamma_{n+3}\sqrt{1+\cot^2\theta} \leqslant 2\sqrt{2}\gamma_{n+3}\kappa(\boldsymbol{A})。$$

因此，当 $n=2$ 时，MGS 的正交损失可以和矩阵的条件数建立不等关系。由此可推测，在一般情况下，MGS 的正交损失可能和矩阵的条件数有关。

下面借助豪斯霍尔德算法，分析改进的格拉姆-施密特过程的误差。由定理 2.1 可知，豪斯霍尔德算法和 MGS 的等价关系要借助矩阵 $\bar{\boldsymbol{A}} \in \mathbb{R}^{(m+n)\times n}$ 推导得出。若由 MGS 计算 $\boldsymbol{A}=\boldsymbol{Q}\boldsymbol{R}$，由豪斯霍尔德算法计算 $\bar{\boldsymbol{A}}=\bar{\boldsymbol{Q}}\bar{\boldsymbol{R}}$，其中 $\boldsymbol{R}$ 和 $\bar{\boldsymbol{R}}_1$ 的对角元为正，则式(2.8)成立，即

$$\bar{\boldsymbol{A}} = \begin{pmatrix} \boldsymbol{O}_n \\ \boldsymbol{A} \end{pmatrix},\quad \bar{\boldsymbol{Q}} = \begin{pmatrix} \boldsymbol{O}_n & \boldsymbol{Q}^{\mathrm{T}} \\ \boldsymbol{Q} & \boldsymbol{I}-\boldsymbol{Q}\boldsymbol{Q}^{\mathrm{T}} \end{pmatrix},\quad \bar{\boldsymbol{R}} = \begin{pmatrix} \boldsymbol{R} \\ \boldsymbol{0} \end{pmatrix}。$$

由定理 2.8 可知，存在正交矩阵 $\tilde{\boldsymbol{Q}}' \in \mathbb{R}^{(m+n)\times(m+n)}$，使得

$$\bar{\boldsymbol{A}} + \Delta\bar{\boldsymbol{A}} = \tilde{\boldsymbol{Q}}_1'\hat{\boldsymbol{R}},\quad \|\Delta\boldsymbol{a}_j\| \leqslant \tilde{\gamma}_{mn}\|\boldsymbol{a}_j\|,$$

其中

$$\tilde{\boldsymbol{Q}}' = (\tilde{\boldsymbol{Q}}_1', \tilde{\boldsymbol{Q}}_2') = \begin{pmatrix} \tilde{\boldsymbol{Q}}_{11}' & \tilde{\boldsymbol{Q}}_{12}' \\ \tilde{\boldsymbol{Q}}_{21}' & \tilde{\boldsymbol{Q}}_{22}' \end{pmatrix}。\tag{2.15}$$

与 $\bar{\boldsymbol{Q}}$ 不同，$\tilde{\boldsymbol{Q}}'$ 左下方的矩阵块 $\tilde{\boldsymbol{Q}}_{21}'$ 不具有正交的列向量，因此在分析 MGS 时，不能由式(2.15)直接导出类似于式(2.14a)的后向误差结论。

为得到 MGS 计算结果中关于 $\hat{\boldsymbol{R}}$ 的准确性信息，即形如式(2.14a)的后向误差结论，首先给出一个重要引理。

引理 2.9　若

$$\begin{pmatrix} \Delta\boldsymbol{A}_1 \\ \boldsymbol{A}+\Delta\boldsymbol{A}_2 \end{pmatrix} = \begin{pmatrix} \tilde{\boldsymbol{Q}}_{11}' \\ \tilde{\boldsymbol{Q}}_{21}' \end{pmatrix}\hat{\boldsymbol{R}},\quad (\tilde{\boldsymbol{Q}}_{11}')^{\mathrm{T}}\tilde{\boldsymbol{Q}}_{11}' + (\tilde{\boldsymbol{Q}}_{21}')^{\mathrm{T}}\tilde{\boldsymbol{Q}}_{21}' = \boldsymbol{I}$$

成立，则存在列向量两两正交的矩阵 $\tilde{\boldsymbol{Q}}$ 使得

$$\boldsymbol{A}+\Delta\boldsymbol{A}=\tilde{\boldsymbol{Q}}\hat{\boldsymbol{R}},\quad \|\Delta\boldsymbol{A}\|\leqslant\|\Delta\boldsymbol{A}_1\|+\|\Delta\boldsymbol{A}_2\|。$$

证明：已知矩阵 $\tilde{\boldsymbol{Q}}'_1\in\mathbb{R}^{(m+n)\times n}$ 的列向量相互正交，故存在 3 个正交矩阵 $\boldsymbol{U}_1\in\mathbb{R}^{n\times n}$、$\boldsymbol{U}_2\in\mathbb{R}^{m\times m}$、$\boldsymbol{V}\in\mathbb{R}^{n\times n}$ 使得

$$\begin{pmatrix}\boldsymbol{U}_1 & \boldsymbol{0}\\ \boldsymbol{0} & \bar{\boldsymbol{U}}_2\end{pmatrix}^{\mathrm{T}}\begin{pmatrix}\tilde{\boldsymbol{Q}}'_{11}\\ \tilde{\boldsymbol{Q}}'_{21}\end{pmatrix}\boldsymbol{V}=\begin{pmatrix}\boldsymbol{C}\\ \bar{\boldsymbol{S}}\end{pmatrix},\quad C_{k,k}^2+\bar{S}_{k,k}^2=1,\quad k=1,2,\cdots,n,$$

其中 $\boldsymbol{C}$ 和 $\bar{\boldsymbol{S}}$ 只在对角线上有非负元，其他元素都为零。上述过程被称作 CS 分解。由此可得

$$\tilde{\boldsymbol{Q}}'_{11}=\boldsymbol{U}_1\boldsymbol{C}\boldsymbol{V}^{\mathrm{T}},\quad \tilde{\boldsymbol{Q}}'_{21}=\boldsymbol{U}_2\boldsymbol{S}\boldsymbol{V}^{\mathrm{T}},\quad \boldsymbol{C}^2+\boldsymbol{S}^2=\boldsymbol{I},$$

其中 $\boldsymbol{U}_2$ 为 $\bar{\boldsymbol{U}}_2$ 的前 n 列，$\boldsymbol{S}$ 为 $\bar{\boldsymbol{S}}$ 的前 n 行。令 $\tilde{\boldsymbol{Q}}=\boldsymbol{U}_2\boldsymbol{V}^{\mathrm{T}}$，根据 $(\boldsymbol{I}+\boldsymbol{S})(\boldsymbol{I}-\boldsymbol{S})=\boldsymbol{C}^2$，有

$$\begin{aligned}\tilde{\boldsymbol{Q}}-\tilde{\boldsymbol{Q}}'_{21}&=\boldsymbol{U}_2(\boldsymbol{I}-\boldsymbol{S})\boldsymbol{V}^{\mathrm{T}}=\boldsymbol{U}_2(\boldsymbol{I}+\boldsymbol{S})^{-1}\boldsymbol{C}^2\boldsymbol{V}^{\mathrm{T}}\\ &=\boldsymbol{U}_2(\boldsymbol{I}+\boldsymbol{S})^{-1}\boldsymbol{V}^{\mathrm{T}}(\boldsymbol{V}\boldsymbol{C}\boldsymbol{U}_1^{\mathrm{T}})(\boldsymbol{U}_1\boldsymbol{C}\boldsymbol{V}^{\mathrm{T}})=\boldsymbol{U}_2(\boldsymbol{I}+\boldsymbol{S})^{-1}\boldsymbol{V}^{\mathrm{T}}(\tilde{\boldsymbol{Q}}'_{11})^{\mathrm{T}}\tilde{\boldsymbol{Q}}'_{11},\end{aligned}$$

故

$$\|(\tilde{\boldsymbol{Q}}-\tilde{\boldsymbol{Q}}'_{21})\hat{\boldsymbol{R}}\|=\|\boldsymbol{U}_2(\boldsymbol{I}+\boldsymbol{S})^{-1}\boldsymbol{V}^{\mathrm{T}}(\tilde{\boldsymbol{Q}}'_{11})^{\mathrm{T}}\tilde{\boldsymbol{Q}}'_{11}\hat{\boldsymbol{R}}\|\leqslant\|\tilde{\boldsymbol{Q}}'_{11}\|\ \|\Delta\boldsymbol{A}_1\|。$$

根据已知条件，$\|\tilde{\boldsymbol{Q}}'_{11}\|\leqslant\|\tilde{\boldsymbol{Q}}'_1\|=1$，于是

$$\begin{aligned}\|\Delta\boldsymbol{A}\|=\|\tilde{\boldsymbol{Q}}\hat{\boldsymbol{R}}-\boldsymbol{A}\|=\|(\tilde{\boldsymbol{Q}}-\tilde{\boldsymbol{Q}}'_{21})\hat{\boldsymbol{R}}+\Delta\boldsymbol{A}_2\|&\leqslant\|\tilde{\boldsymbol{Q}}'_{11}\|\ \|\Delta\boldsymbol{A}_1\|+\|\Delta\boldsymbol{A}_2\|\\ &\leqslant\|\Delta\boldsymbol{A}_1\|+\|\Delta\boldsymbol{A}_2\|。\end{aligned}$$

证毕。

在引理 2.9 中，$\tilde{\boldsymbol{Q}}'_{21}=\boldsymbol{U}_2\boldsymbol{S}\boldsymbol{V}^{\mathrm{T}}$，$\tilde{\boldsymbol{Q}}=\boldsymbol{U}_2\boldsymbol{V}^{\mathrm{T}}$，$\tilde{\boldsymbol{Q}}$ 是所有列向量正交的矩阵中，在 F-范数意义下与 $\tilde{\boldsymbol{Q}}'_{21}$ 最相近的矩阵。有关 CS 分解的详细介绍，可参阅戈卢布和范洛恩(C. F. Van Loan)的著作，记作 GVL13。借助引理 2.9，可得到 MGS 的误差结论。

定理 2.10 令 $\boldsymbol{A}\in\mathbb{R}^{m\times n}$，其中 $m>n$，且 $\boldsymbol{A}$ 的秩为 n。若由 MGS 计算 $\boldsymbol{A}=\boldsymbol{Q}\boldsymbol{R}$，其中 $\boldsymbol{Q}\in\mathbb{R}^{m\times n}$ 列向量正交，$\boldsymbol{R}\in\mathbb{R}^{n\times n}$ 为对角矩阵，则存在列向量正交的矩阵 $\tilde{\boldsymbol{Q}}\in\mathbb{R}^{m\times n}$，使得浮点运算结果 $\hat{\boldsymbol{Q}}$ 和 $\hat{\boldsymbol{R}}$ 满足

$$A+\Delta A=\widetilde{Q}\hat{R}, \quad \| \Delta A \| \leqslant c_1 \varepsilon_u \| A \|, \tag{2.16a}$$

$$\| \widetilde{Q}-\hat{Q} \| \leqslant \frac{c_2 \varepsilon_u \kappa(A)}{1-c_1 \varepsilon_u \kappa(A)}, \tag{2.16b}$$

$$A+\Delta A'=\hat{Q}\hat{R}, \quad \| \Delta A' \| \leqslant c_3 \varepsilon_u \| A \|, \tag{2.16c}$$

其中 c_1、c_2、c_3 为与 m 和 n 有关的常数。

证明：采用式(2.8)和式(2.15)的记号。由定理 2.8 可知，若由豪斯霍尔德算法计算 $\bar{A}=\bar{Q}\bar{R}$，则存在正交矩阵 $\widetilde{Q}' \in \mathbb{R}^{(m+n)\times(m+n)}$ 使得

$$\bar{A}+\Delta\bar{A}=\widetilde{Q}'\begin{pmatrix}\hat{R}\\ 0\end{pmatrix}=\begin{pmatrix}\widetilde{Q}'_{11}\\ \widetilde{Q}'_{21}\end{pmatrix}\hat{R},$$

其中

$$\bar{A}=\begin{pmatrix}O_n\\ A\end{pmatrix}, \quad \Delta\bar{A}=\begin{pmatrix}\Delta A_1\\ \Delta A_2\end{pmatrix}, \quad \| \Delta A_1 \| \leqslant c_{11}\varepsilon_u \| A \|, \quad \| \Delta A_2 \| \leqslant c_{12}\varepsilon_u \| A \|。$$

这里 c_{11} 和 c_{12} 是与 m 和 n 有关的常数，因为根据矩阵范数的不等关系，若算法满足逐列误差限，则必然满足以$\sqrt{n}$为系数的 2-范数误差限。根据引理 2.9，可知存在列向量两两正交的矩阵 $\widetilde{Q}$ 使得

$$A+\Delta A=\widetilde{Q}\hat{R}, \quad \| \Delta A \| \leqslant \| \Delta A_1 \| + \| \Delta A_2 \| \leqslant c_1 \varepsilon_u \| A \|,$$

其中 $c_1=c_{11}+c_{12}$。故式(2.16a)得证。

下面先证式(2.16c)。由算法 2.4 可知，MGS 的投影过程为

$$q_k=\frac{a_k^{(k)}}{\| a_k^{(k)} \|}, \quad a_j^{(k+1)}=(I-q_k q_k^{\mathrm{T}})a_j^{(k)}, \quad j=k+1,k+2,\cdots,n。$$

由引理 2.4 易知，浮点运算结果满足

$$\| \hat{a}_j^{(k+1)} \| \leqslant (1+\widetilde{\gamma}_m) \| \hat{a}_j^{(k)} \|, \quad j=k+1,k+2,\cdots,n, \tag{2.17}$$

从而有 $\| \hat{a}_j^{(k+1)} \| \leqslant (1+\widetilde{\gamma}_m)^k \| a_j \|$。容易看到，$\| \hat{q}_k \| \leqslant 1+\widetilde{\gamma}_m$。而 $r_{k,j}=q_k^{\mathrm{T}} a_j^{(k)}$，故

$$|\hat{r}_{k,j}| \leqslant (1+\widetilde{\gamma}_m) \| \hat{a}_j^{(k)} \|。 \tag{2.18}$$

已知

$$A^{(k)}=A^{(k+1)}R^{(k)}, \quad Q=A^{(n+1)}, \quad R=R^{(n)}\cdots R^{(1)},$$

联立式(2.17)和式(2.18)可得

$$\|\hat{\boldsymbol{R}}\|_F \leqslant \sqrt{n}(1+\tilde{\gamma}_m)^{n-1}\|\boldsymbol{A}\|_F。$$

由 $\hat{\boldsymbol{R}}^{(k)}$ 的结构易知

$$\hat{\boldsymbol{A}}^{(k)}=\hat{\boldsymbol{A}}^{(k+1)}\hat{\boldsymbol{R}}^{(k)}+\Delta\boldsymbol{A}^{(k)}, \quad |\Delta\boldsymbol{A}^{(k)}|\leqslant\tilde{\gamma}_1|\hat{\boldsymbol{A}}^{(k+1)}||\hat{\boldsymbol{R}}^{(k)}|,$$

故

$$\begin{aligned}\boldsymbol{A} &=\hat{\boldsymbol{A}}^{(2)}\hat{\boldsymbol{R}}^{(1)}+\Delta\boldsymbol{A}^{(1)}=\hat{\boldsymbol{A}}^{(3)}\hat{\boldsymbol{R}}^{(2)}\hat{\boldsymbol{R}}^{(1)}+\Delta\boldsymbol{A}^{(2)}\hat{\boldsymbol{R}}^{(1)}+\Delta\boldsymbol{A}^{(1)}=\cdots\\ &=\hat{\boldsymbol{Q}}\hat{\boldsymbol{R}}+\Delta\boldsymbol{A}^{(n)}\hat{\boldsymbol{R}}^{(n-1)}\cdots\hat{\boldsymbol{R}}^{(1)}+\cdots+\Delta\boldsymbol{A}^{(2)}\hat{\boldsymbol{R}}^{(1)}+\Delta\boldsymbol{A}^{(1)}。\end{aligned}$$

令 $\boldsymbol{\Phi}^{(k)}=|\hat{\boldsymbol{R}}^{(k)}|\cdots|\hat{\boldsymbol{R}}^{(1)}|$，于是有

$$\begin{aligned}|\boldsymbol{A}-\hat{\boldsymbol{Q}}\hat{\boldsymbol{R}}| &\leqslant\tilde{\gamma}_1|\hat{\boldsymbol{A}}^{(n+1)}||\hat{\boldsymbol{R}}^{(n)}|\cdots|\hat{\boldsymbol{R}}^{(1)}|+\cdots+\tilde{\gamma}_1|\hat{\boldsymbol{A}}^{(3)}||\hat{\boldsymbol{R}}^{(2)}||\hat{\boldsymbol{R}}^{(1)}|+\tilde{\gamma}_1|\hat{\boldsymbol{A}}^{(2)}||\hat{\boldsymbol{R}}^{(1)}|\\ &=\tilde{\gamma}_1(|\hat{\boldsymbol{A}}^{(n+1)}|\boldsymbol{\Phi}^{(n)}+\cdots+|\hat{\boldsymbol{A}}^{(3)}|\boldsymbol{\Phi}^{(2)}+|\hat{\boldsymbol{A}}^{(2)}|\boldsymbol{\Phi}^{(1)})。\end{aligned}$$

观察 $|\hat{\boldsymbol{A}}^{(k)}|\boldsymbol{\Phi}^{(k-1)}$ 的结构

$$|\hat{\boldsymbol{A}}^{(k)}|\boldsymbol{\Phi}^{(k-1)}=|(\hat{\boldsymbol{q}}_1,\cdots,\hat{\boldsymbol{q}}_{k-1},\hat{\boldsymbol{a}}_k^{(k)},\cdots,\hat{\boldsymbol{a}}_n^{(k)})|\begin{pmatrix}\boldsymbol{\Phi}_{1:k-1,1:k-1}^{(k-1)} & \boldsymbol{\Phi}_{1:k-1,k:n}^{(k-1)}\\ \boldsymbol{0} & \boldsymbol{I}_{n-k+1}\end{pmatrix},$$

其中 $\boldsymbol{\Phi}_{1:k-1,:}^{(k-1)}$ 与 $|\hat{\boldsymbol{R}}|$ 的前 $k-1$ 行相同，$\boldsymbol{I}_{n-k+1}$ 是行数为 $n-k+1$ 的单位矩阵。故

$$\begin{aligned}\|\,|\hat{\boldsymbol{A}}^{(k)}|\,\boldsymbol{\Phi}^{(k-1)}\|_F &\leqslant\|(\hat{\boldsymbol{q}}_1,\cdots,\hat{\boldsymbol{q}}_{k-1})\boldsymbol{\Phi}_{1:k-1,:}^{(k-1)}\|_F+\|(\hat{\boldsymbol{a}}_k^{(k)},\cdots,\hat{\boldsymbol{a}}_n^{(k)})(0,\boldsymbol{I}_{n-k+1})\|_F\\ &\leqslant\|\boldsymbol{\Phi}_{1:k-1,:}^{(k-1)}\|_F\left(\sum_{i=1}^{k-1}\|\hat{\boldsymbol{q}}_i\|^2\right)^{\frac{1}{2}}+\left(\sum_{i=k}^{n}\|\hat{\boldsymbol{a}}_i^{(k)}\|^2\right)^{\frac{1}{2}}\\ &\leqslant\|\hat{\boldsymbol{R}}\|_F\sqrt{(k-1)(1+\tilde{\gamma}_m)^2}+\left(\sum_{i=k}^{n}(1+\tilde{\gamma}_m)^{2k-2}\|\boldsymbol{a}_i\|^2\right)^{\frac{1}{2}}\\ &\leqslant n(1+\tilde{\gamma}_m)^n\|\boldsymbol{A}\|_F+(1+\tilde{\gamma}_m)^n\|\boldsymbol{A}\|_F\\ &=(n-1)(1+\tilde{\gamma}_m)^n\|\boldsymbol{A}\|_F。\end{aligned}$$

于是，F-范数意义下的残差限为

$$\|\boldsymbol{A}-\hat{\boldsymbol{Q}}\hat{\boldsymbol{R}}\|_F\leqslant n(n-1)\tilde{\gamma}_1(1+\tilde{\gamma}_m)^n\|\boldsymbol{A}\|_F=c_{31}\varepsilon_u\|\boldsymbol{A}\|_F,$$

其中 c_{31} 为依赖于 m 和 n 的常数。令 $c_3=\sqrt{n}c_{31}$，则式(2.16c)得证。

最后，由式(2.16a)和式(2.16c)可得

$$\|\widetilde{\boldsymbol{Q}}-\hat{\boldsymbol{Q}}\|=\|(\Delta\boldsymbol{A}-\Delta\boldsymbol{A}')\hat{\boldsymbol{R}}^{-1}\|\leqslant(c_1+c_3)\varepsilon_u\|\boldsymbol{A}\|\|\hat{\boldsymbol{R}}^{-1}\|。$$

结合式(2.16a)，可知下面的结论成立

$$\|\hat{\boldsymbol{R}}^{-1}\|=\|(\widetilde{\boldsymbol{Q}}^{\mathrm{T}}(\boldsymbol{A}+\Delta\boldsymbol{A}))^{-1}\|\leqslant\frac{\sigma_{\min}^{-1}(\boldsymbol{A})}{1-\sigma_{\min}^{-1}\|\Delta\boldsymbol{A}\|}\leqslant\frac{\sigma_{\min}^{-1}(\boldsymbol{A})}{1-c_1\varepsilon_u\kappa(\boldsymbol{A})}。$$

第一个不等关系的证明可参阅霍恩(R. A. Horn)和约翰逊(C. R. Johnson)的著作，并在其 5.8 节推导过程的基础上稍加改动即可。令 $c_2=c_1+c_3$，于是

$$\|\widetilde{\boldsymbol{Q}}-\hat{\boldsymbol{Q}}\|\leqslant\frac{c_2\varepsilon_u\kappa(\boldsymbol{A})}{1-c_1\varepsilon_u\kappa(\boldsymbol{A})},$$

故式(2.16b)得证，从而定理得证。

由定理 2.10 可以看到，MGS 的残差和关于上三角矩阵的后向误差都很小，其上三角矩阵 $\hat{\boldsymbol{R}}$ 可看作近似矩阵 $\boldsymbol{A}+\Delta\boldsymbol{A}$ 的真实解，其后向误差与豪斯霍尔德算法具有相似的量级。另一方面，对比式(2.16b)和式(2.14b)可以看出，在 $\hat{\boldsymbol{Q}}$ 的正交性方面，MGS 比豪斯霍尔德算法要弱，如果 $\boldsymbol{A}$ 的条件数很大，则 MGS 的正交损失可能较大。

前文提到过，$\widetilde{\boldsymbol{Q}}$ 是所有列向量正交的矩阵中，在 F-范数意义下与 $\hat{\boldsymbol{Q}}$ 最相近的矩阵，即

$$\widetilde{\boldsymbol{Q}}=\mathop{\arg\min}_{\boldsymbol{Q}^{\mathrm{T}}\boldsymbol{Q}=\boldsymbol{I}}\|\boldsymbol{Q}-\hat{\boldsymbol{Q}}\|_{\mathrm{F}}。$$

最近邻矩阵问题与极分解问题本质上是相同的，即给定 $\hat{\boldsymbol{Q}}\in\mathbb{R}^{m\times n}$，$m>n$，存在列向量正交的矩阵 $\boldsymbol{U}\in\mathbb{R}^{m\times n}$ 和对称半正定矩阵 $\boldsymbol{P}\in\mathbb{R}^{n\times n}$，使得 $\hat{\boldsymbol{Q}}=\boldsymbol{UP}$，且 $\boldsymbol{U}=\widetilde{\boldsymbol{Q}}$。由

$$\boldsymbol{I}-\hat{\boldsymbol{Q}}^{\mathrm{T}}\hat{\boldsymbol{Q}}=\widetilde{\boldsymbol{Q}}^{\mathrm{T}}\widetilde{\boldsymbol{Q}}-\hat{\boldsymbol{Q}}^{\mathrm{T}}\hat{\boldsymbol{Q}}=(\widetilde{\boldsymbol{Q}}-\hat{\boldsymbol{Q}})^{\mathrm{T}}(\widetilde{\boldsymbol{Q}}+\hat{\boldsymbol{Q}})$$

和定理 2.10 可得

$$\begin{aligned}\|\boldsymbol{I}-\hat{\boldsymbol{Q}}^{\mathrm{T}}\hat{\boldsymbol{Q}}\|&\leqslant\|\widetilde{\boldsymbol{Q}}-\hat{\boldsymbol{Q}}\|\ \|\widetilde{\boldsymbol{Q}}+\hat{\boldsymbol{Q}}\|\leqslant\|\widetilde{\boldsymbol{Q}}-\hat{\boldsymbol{Q}}\|(1+\|\hat{\boldsymbol{Q}}\|)\\&\leqslant\|\widetilde{\boldsymbol{Q}}-\hat{\boldsymbol{Q}}\|(2+\|\widetilde{\boldsymbol{Q}}-\hat{\boldsymbol{Q}}\|)\\&\leqslant\frac{c_2\varepsilon_u\kappa(\boldsymbol{A})}{1-c_1\varepsilon_u\kappa(\boldsymbol{A})}\cdot\left(2+\frac{c_2\varepsilon_u\kappa(\boldsymbol{A})}{1-c_1\varepsilon_u\kappa(\boldsymbol{A})}\right)\leqslant\frac{2c_2\varepsilon_u\kappa(\boldsymbol{A})}{1-2c_1\varepsilon_u\kappa(\boldsymbol{A})},\end{aligned}$$

故 $\|\widetilde{\boldsymbol{Q}}-\hat{\boldsymbol{Q}}\|$ 和 $\|\boldsymbol{I}-\hat{\boldsymbol{Q}}^{\mathrm{T}}\hat{\boldsymbol{Q}}\|$ 有相似的上限，都与矩阵 $\boldsymbol{A}$ 的条件数有关。若 $\varepsilon_u^2\kappa^2(\boldsymbol{A})\approx0$，进而忽略该项，则

$$\| \boldsymbol{I}-\hat{\boldsymbol{Q}}^{\mathrm{T}}\hat{\boldsymbol{Q}} \| \leqslant c_2' \varepsilon_{\mathrm{u}} \kappa(\boldsymbol{A}), \tag{2.19}$$

其中 $c_2'=2c_2$。相应地，式(2.16b)亦可近似记作

$$\| \tilde{\boldsymbol{Q}}-\hat{\boldsymbol{Q}} \| \leqslant c_2 \varepsilon_{\mathrm{u}} \kappa(\boldsymbol{A})。 \tag{2.20}$$

式(2.19)和式(2.20)均可用来对正交损失做判定，具有等价性。

最后，比约克与佩奇在 BP92 中还给出了式(2.14a)和 MGS 的关系。也就是说，若将豪斯霍尔德 QR 分解写成

$$\begin{pmatrix} \boldsymbol{O}_n \\ \boldsymbol{A} \end{pmatrix} + \Delta\bar{\boldsymbol{A}} = \tilde{\boldsymbol{Q}}' \begin{pmatrix} \hat{\boldsymbol{R}} \\ \boldsymbol{0} \end{pmatrix},$$

则有

$$\tilde{\boldsymbol{Q}}' = \begin{pmatrix} \tilde{\boldsymbol{Q}}_{11}' & (\boldsymbol{I}-\tilde{\boldsymbol{Q}}_{11}')\tilde{\boldsymbol{V}}^{\mathrm{T}} \\ \tilde{\boldsymbol{V}}(\boldsymbol{I}-\tilde{\boldsymbol{Q}}_{11}') & \boldsymbol{I}-\tilde{\boldsymbol{V}}(\boldsymbol{I}-\tilde{\boldsymbol{Q}}_{11}')\tilde{\boldsymbol{V}}^{\mathrm{T}} \end{pmatrix}, \tag{2.21}$$

其中 $\tilde{\boldsymbol{Q}}_{11}'$ 为严格的上三角阵，$\tilde{\boldsymbol{V}}$ 是 MGS 输出矩阵 $\hat{\boldsymbol{Q}}$ 的归一化结果，即 $\tilde{\boldsymbol{v}}_j=\hat{\boldsymbol{q}}_j/\|\hat{\boldsymbol{q}}_j\|$，$\Delta\bar{\boldsymbol{A}}$ 满足式(2.14a)的误差限。由此可进一步分析 MGS 的正交损失，得到 $\|\boldsymbol{I}-\tilde{\boldsymbol{V}}^{\mathrm{T}}\tilde{\boldsymbol{V}}\|$ 的上限。这里不再详述。

第3章 重正交化

与豪斯霍尔德算法相比，MGS 输出矩阵的正交性较差，而 CGS 可能完全失去正交性。通过对正交性较差的列向量重复做正交化，可以提高 CGS 和 MGS 输出矩阵的正交性，该技术被称为重正交化，所得算法被称为 CGS2 和 MGS2。关于格拉姆-施密特过程有一个著名结论，即对于非病态矩阵，正交化过程不必超过两次(twice is enough)。也就是说，最多只需做一次重正交即可令误差达到机器精度。本章介绍重正交技术。首先，给出基本算法；其次，分析 CGS2 的误差；然后，介绍 CGS 的一种变体及相关算法；最后，分析该变体的误差，并给出另一种重正交策略。

3.1 基本算法

第 2 章给出了 MGS 过程的误差限。令 $\boldsymbol{A}\in\mathbb{R}^{m\times n}$，其中 $m>n$，且 $\boldsymbol{A}$ 的秩为 n。若用格拉姆-施密特过程计算 $\boldsymbol{Q}$ 和 $\boldsymbol{R}$，并将浮点运算结果记作 $\hat{\boldsymbol{Q}}$ 和 $\hat{\boldsymbol{R}}$，则由第 2 章的结论可知，$\hat{\boldsymbol{Q}}$ 和 $\hat{\boldsymbol{R}}$ 的乘积与原矩阵接近，其相对误差与机器精度 ε_{m} 或单位舍入误差 ε_{u} 在同一量级。若只考虑 $\hat{\boldsymbol{R}}$，其计算过程也是后向稳定的。然而，MGS 的正交损失依赖于原矩阵的条件数，这使得病态问题的分解结果正交性较差。而豪斯霍尔德变换更稳定，QR 分解结果具有良好的正交性。另一方面，若只考虑上三角矩阵，CGS 过程也具有很好的稳定性，但实际问题往往更关注 $\hat{\boldsymbol{Q}}$ 的正交性。在这方面，CGS 算法的正交损失限依赖于 $\kappa(\boldsymbol{A})^{n-1}$，无法令人满意。通过数值实验可看出，即使对于中等条件数的问题，CGS 的输出矩阵也可能完全失去正交性。

加拿大学者卡韩(W. M. Kahan)是1989年的图灵奖得主,长期从事数值分析。英国数学家帕里特(B. N. Parlett)在其著作中引用了卡韩未发表的分析过程,其结论是若矩阵的条件数不是特别大,则仅需一次重正交过程,即可保证两个向量的正交性达到机器精度。这一结论被证明是正确的,由此得到的算法被称为CGS2和MGS2。

算法3.1 CGS2(向量形式)

$\boldsymbol{Q}=\boldsymbol{A},\boldsymbol{R}=\boldsymbol{O}_n$
for $j=1:n$
  for $k=1:2$
    for $i=1:j-1$
      $s_i=\boldsymbol{q}_i^{\mathrm{T}}\boldsymbol{q}_j$
      $r_{i,j}=r_{i,j}+s_i$
    end
    $$\boldsymbol{q}_j=\boldsymbol{q}_j-\sum_{i=1}^{j-1}s_i\boldsymbol{q}_i$$
  end
  $r_{j,j}=\|\boldsymbol{q}_j\|$
  $\boldsymbol{q}_j=\boldsymbol{q}_j/r_{j,j}$
end

算法3.1中$\boldsymbol{s}=[s_1,\cdots,s_{j-1}]^{\mathrm{T}}$。可以看到CGS2对每一个$\boldsymbol{q}_j$都做一次重正交,而上三角矩阵$\boldsymbol{R}$需要存储两次正交投影之和。该过程也可写成矩阵形式。

算法3.2 CGS2(矩阵形式)

$\boldsymbol{Q}=\boldsymbol{A},\boldsymbol{R}=\boldsymbol{O}_n$
for $j=1:n$
  for $k=1:2$
    $\boldsymbol{s}=\boldsymbol{Q}_{:,1:j-1}^{\mathrm{T}}\boldsymbol{q}_j$
    $\boldsymbol{q}_j=\boldsymbol{q}_j-\boldsymbol{Q}_{:,1:j-1}\boldsymbol{s}$
    $\boldsymbol{R}_{1:j-1,j}=\boldsymbol{R}_{1:j-1,j}+\boldsymbol{s}$
  end

$r_{j,j}=\|\boldsymbol{q}_j\|$

$\boldsymbol{q}_j=\boldsymbol{q}_j/r_{j,j}$

end

矩阵形式的 CGS2 是 2 级算法，能够充分利用缓存和并行，因此更加高效。CGS2 还有其他形式，浮点运算结果与算法 3.2 不同，但满足相同的误差限，这里不做介绍。相应地，可给出向量形式的 MGS2 算法。

算法 3.3　MGS2（向量形式）

```
Q=A, R=O_n
for j=1:n
   for k=1:2
      for i=1:j-1
         ζ=q_i^T q_j
         q_j=q_j-ζq_i
         r_{i,j}=r_{i,j}+ζ
      end
   end
   r_{j,j}=‖q_j‖
   q_j=q_j/r_{j,j}
end
```

CGS2 和 MGS2 的输出矩阵都具有良好的正交性，且能达到机器精度。由于 2 级算法更加高效，在实际应用中一般使用 CGS2。

考虑 CGS，若

$$\boldsymbol{w}_j=\boldsymbol{a}_j-\sum_{i=1}^{j-1}r_{i,j}\boldsymbol{q}_i,$$

则当 $\|\boldsymbol{w}_j\|\ll\|\boldsymbol{a}_j\|$ 时，舍入误差的影响会非常严重。因此，可给定阈值 $K>1$，使得若

$$\|\boldsymbol{w}_j\|\leqslant\frac{1}{K}\|\boldsymbol{a}_j\|,$$

则重新做正交投影。常用取值为 $K=10$ 和 $K=\sqrt{2}$。该策略被称为选择性重正交

化，最早由瑞士数学家鲁蒂斯豪瑟（H. Rutishauser）提出，对应的 CGS 算法简写为 CGS-K。

算法 3.4 CGS-K（矩阵形式）

for $j=1:n$

$\boldsymbol{R}_{1:j-1,j}=\boldsymbol{Q}_{:,1:j-1}^{\mathrm{T}}\boldsymbol{a}_j$

$\boldsymbol{w}_j=\boldsymbol{a}_j-\boldsymbol{Q}_{:,1:j-1}\boldsymbol{R}_{1:j-1,j}$

if $\|\boldsymbol{a}_j\|\geqslant K\|\boldsymbol{w}_j\|$

$\boldsymbol{s}=\boldsymbol{Q}_{:,1:j-1}^{\mathrm{T}}\boldsymbol{w}_j$

$\boldsymbol{w}_j=\boldsymbol{w}_j-\boldsymbol{Q}_{:,1:j-1}\boldsymbol{s}$

$\boldsymbol{R}_{1:j-1,j}=\boldsymbol{R}_{1:j-1,j}+\boldsymbol{s}$

end

$r_{j,j}=\|\boldsymbol{w}_j\|$

$\boldsymbol{q}_j=\boldsymbol{w}_j/r_{j,j}$

end

这里不再展示 CGS-K 向量形式。在实际应用中，CGS2 和 CGS-K 都具有良好的正交性。而 CGS2 无须给定参数，且不会显著增加计算量，因此具有很强的实用性。

3.2 CGS2 的误差分析

1971 年，阿卜德尔马莱克（N. Abdelmalek）在一定条件下给出了 CGS2 的误差分析。在这之后，丹尼尔（J. Daniel）、霍夫曼（W. Hoffmann）、吉罗（L. Giraud）等人对分析过程做了改进。下面分析 CGS2 的正交损失。

3.2.1 基本结论

首先，在不影响结果的前提下，对前文的记号进行简化。考虑式（2.11），容易看到

$$\tilde{\gamma}_k=\frac{c_1k\varepsilon_{\mathrm{u}}}{1-c_2k\varepsilon_{\mathrm{u}}}=\frac{c_1k\varepsilon_{\mathrm{u}}+c_1c_2k^2\varepsilon_{\mathrm{u}}^2}{1-c_2^2k^2\varepsilon_{\mathrm{u}}^2},$$

其中 $\varepsilon_u^2=0$，故可记作 $\tilde{\gamma}_k=c_1 k\varepsilon_u$，或

$$\tilde{\gamma}_k=c(k)\varepsilon_u,$$

其中 $c(k)$ 为依赖于 k 的常数。令 $\mathbf{A}\in\mathbb{R}^{m\times n}$，其中 $m>n$，且 $\mathbf{A}$ 的秩为 n，故

$$\gamma_k=k\varepsilon_u。$$

为方便进行分析，首先将算法 3.2 的主要步骤重写成下面的形式

$$s_{i,j}=\boldsymbol{q}_i^{\mathrm{T}}\boldsymbol{a}_j,\quad \boldsymbol{v}_j=\boldsymbol{a}_j-\sum_{i=1}^{j-1}\boldsymbol{q}_i s_{i,j},\tag{3.1a}$$

$$t_{i,j}=\boldsymbol{q}_i^{\mathrm{T}}\boldsymbol{v}_j,\quad \boldsymbol{w}_j=\boldsymbol{v}_j-\sum_{i=1}^{j-1}\boldsymbol{q}_i t_{i,j},\tag{3.1b}$$

$$r_{i,j}=s_{i,j}+t_{i,j},\quad r_{j,j}=\|\boldsymbol{w}_j\|,\quad \boldsymbol{q}_j=\frac{\boldsymbol{w}_j}{r_{j,j}},\tag{3.1c}$$

其中 $i=1,2,\cdots,j-1$。由于 m 维向量点积 $\boldsymbol{x}^{\mathrm{T}}\boldsymbol{y}$ 的浮点运算结果为

$$\mathrm{fl}(\boldsymbol{x}^{\mathrm{T}}\boldsymbol{y})=\boldsymbol{x}^{\mathrm{T}}(\boldsymbol{y}+\Delta\boldsymbol{y}),\quad \|\Delta\boldsymbol{y}\|\leqslant m\varepsilon_u\|\boldsymbol{y}\|,$$

易知式(3.1)在有限精度下满足

$$\hat{s}_{i,j}=\hat{\boldsymbol{q}}_i^{\mathrm{T}}\boldsymbol{a}_j+\Delta s_{i,j},\quad |\Delta s_{i,j}|\leqslant m\varepsilon_u\|\hat{\boldsymbol{q}}_i\|\,\|\boldsymbol{a}_j\|,\tag{3.2a}$$

$$\hat{\boldsymbol{v}}_j=\boldsymbol{a}_j-\sum_{i=1}^{j-1}\hat{\boldsymbol{q}}_i\hat{s}_{i,j}+\Delta\boldsymbol{v}_j,\ \|\Delta\boldsymbol{v}_j\|\leqslant\mathcal{O}(mn)\varepsilon_u\|\boldsymbol{a}_j\|,\tag{3.2b}$$

$$\hat{t}_{i,j}=\hat{\boldsymbol{q}}_i^{\mathrm{T}}\hat{\boldsymbol{v}}_j+\Delta t_{i,j},\quad |\Delta t_{i,j}|\leqslant m\varepsilon_u\|\hat{\boldsymbol{q}}_i\|\,\|\hat{\boldsymbol{v}}_j\|,\tag{3.2c}$$

$$\hat{\boldsymbol{w}}_j=\hat{\boldsymbol{v}}_j-\sum_{i=1}^{j-1}\hat{\boldsymbol{q}}_i\hat{t}_{i,j}+\Delta\boldsymbol{w}_j,\quad \|\Delta\boldsymbol{w}_j\|\leqslant\mathcal{O}(mn)\varepsilon_u\|\hat{\boldsymbol{v}}_j\|,\tag{3.2d}$$

$$\hat{r}_{j,j}=\|\hat{\boldsymbol{w}}_j\|+\Delta r_{j,j},\quad |\Delta r_{j,j}|\leqslant\mathcal{O}(m)\varepsilon_u\|\hat{\boldsymbol{w}}_j\|,\tag{3.2e}$$

$$\hat{\boldsymbol{q}}_j=\frac{\hat{\boldsymbol{w}}_j}{\|\hat{\boldsymbol{w}}_j\|}+\Delta\boldsymbol{q}_j,\quad \|\Delta\boldsymbol{q}_j\|\leqslant\mathcal{O}(m)\varepsilon_u,\quad \|\hat{\boldsymbol{q}}_j\|^2\leqslant 1+\mathcal{O}(m)\varepsilon_u。\tag{3.2f}$$

上述结论的证明过程与第 2 章误差结论的推导方法类似，可参阅比约克 1967 年的文章，这里不再详述。值得注意的是，上述误差限并不精确，但足够完成本章的证明。虽然比约克研究的是 MGS，但基本投影过程的分析方法是相同的。此外，虽然 CGS 的正交损失无法令人满意，但由式(3.2)可知，残差具有与式(2.16c)相同的形式。易知式(2.16c)中 $c_3\leqslant\mathcal{O}(mn^{3/2})$。这里令 $c_1(m,n)=\mathcal{O}(mn^{3/2})$，故 CGS 的残差限可记作

$$\boldsymbol{A}+\Delta\boldsymbol{A}=\hat{\boldsymbol{Q}}\hat{\boldsymbol{R}},\quad \|\Delta\boldsymbol{A}\|\leqslant c_1(m,n)\varepsilon_u\|\boldsymbol{A}\|。\tag{3.3}$$

证明过程与定理 2.10 类似，不再详述。

3.2.2 归纳假设与正交损失

CGS2 的正交损失可由归纳法证明。令 $\boldsymbol{Q}_j\in\mathbb{R}^{m\times j}$ 的列向量正交，将 CGS2 在第 j 步的浮点运算输出结果记作 $\hat{\boldsymbol{Q}}_j$。假设在第 $j-1$ 步，有

$$\|\hat{\boldsymbol{Q}}_{i-1}\hat{\boldsymbol{q}}_i\|\leqslant\mathcal{O}(mn)\varepsilon_u,\quad i=2,3,\cdots,j-1,\tag{3.4}$$

即前 $j-1$ 个输出向量都与前面的向量保持良好的正交性，而初始时式(3.4)显然得到满足。若能证明当 $i=j$ 时，式(3.4)依然成立，则当 $j=n$ 时，有 $\|\hat{\boldsymbol{Q}}_{n-1}\hat{\boldsymbol{q}}_n\|\leqslant\mathcal{O}(nm)\varepsilon_u$。因此，证明过程分为两步，首先要给出 $\|\hat{\boldsymbol{Q}}_{n-1}\hat{\boldsymbol{q}}_n\|$ 与 $\|\boldsymbol{I}-\hat{\boldsymbol{Q}}^{\mathrm{T}}\hat{\boldsymbol{Q}}\|$ 误差限之间的联系，然后要完成上述归纳分析，而归纳法本身又要依次对两次投影做分析。下面给出 $\|\hat{\boldsymbol{Q}}_{i-1}\hat{\boldsymbol{q}}_i\|$ 与 $\|\boldsymbol{I}-\hat{\boldsymbol{Q}}_j^{\mathrm{T}}\hat{\boldsymbol{Q}}_j\|$ 误差限之间的联系，其中 $i=2,3,\cdots,j$，$j=2,3,\cdots,n$，$\hat{\boldsymbol{Q}}_n=\hat{\boldsymbol{Q}}$。首先给出两个引理。

引理 3.1 给定 $\boldsymbol{q}_j$ 使得 $\|\boldsymbol{q}_j\|=1$。若 $\|\boldsymbol{I}-\hat{\boldsymbol{Q}}_{j-1}^{\mathrm{T}}\hat{\boldsymbol{Q}}_{j-1}\|\leqslant\alpha$，且 $\|\hat{\boldsymbol{Q}}_{j-1}^{\mathrm{T}}\boldsymbol{q}_j\|\leqslant\omega$，则

$$\|\boldsymbol{I}-(\hat{\boldsymbol{Q}}_{j-1},\boldsymbol{q}_j)^{\mathrm{T}}(\hat{\boldsymbol{Q}}_{j-1},\boldsymbol{q}_j)\|\leqslant\frac{1}{2}(\alpha+\sqrt{\alpha^2+4\omega^2})。$$

证明：令 λ 为 $\boldsymbol{I}-(\hat{\boldsymbol{Q}}_{j-1},\boldsymbol{q}_j)^{\mathrm{T}}(\hat{\boldsymbol{Q}}_{j-1},\boldsymbol{q}_j)$ 绝对值最大的特征值，故

$$\|\boldsymbol{I}-(\hat{\boldsymbol{Q}}_{j-1},\boldsymbol{q}_j)^{\mathrm{T}}(\hat{\boldsymbol{Q}}_{j-1},\boldsymbol{q}_j)\|=|\lambda|。$$

令 λ 对应的特征向量为 $\boldsymbol{v}=(\boldsymbol{v}_0^{\mathrm{T}},\mu)^{\mathrm{T}}$，其中 μ 为 j 维向量 $\boldsymbol{v}$ 的最后一个元素，故

$$\begin{pmatrix}\boldsymbol{I}-\hat{\boldsymbol{Q}}_{j-1}^{\mathrm{T}}\hat{\boldsymbol{Q}}_{j-1} & \hat{\boldsymbol{Q}}_{j-1}\boldsymbol{q}_j\\ (\hat{\boldsymbol{Q}}_{j-1}\boldsymbol{q}_j)^{\mathrm{T}} & \boldsymbol{0}\end{pmatrix}\begin{pmatrix}\boldsymbol{v}_0\\ \mu\end{pmatrix}=\lambda\begin{pmatrix}\boldsymbol{v}_0\\ \mu\end{pmatrix},$$

从而有

$$(\boldsymbol{I}-\hat{\boldsymbol{Q}}_{j-1}^{\mathrm{T}}\hat{\boldsymbol{Q}}_{j-1})\boldsymbol{v}_0+\hat{\boldsymbol{Q}}_{j-1}\boldsymbol{q}_j\mu=\lambda\boldsymbol{v}_0,\ (\hat{\boldsymbol{Q}}_{j-1}\boldsymbol{q}_j)^{\mathrm{T}}\boldsymbol{v}_0=\lambda\mu。\tag{3.5}$$

若 $\mu=0$，则

$$|\lambda|\ \|\boldsymbol{v}_0\|=\|(\boldsymbol{I}-\hat{\boldsymbol{Q}}_{j-1}^{\mathrm{T}}\hat{\boldsymbol{Q}}_{j-1})\boldsymbol{v}_0\|\leqslant\alpha\|\boldsymbol{v}_0\|,$$

从而证明结束。若 $\boldsymbol{v}_0=\boldsymbol{0}$，则 $\lambda=0$。因此，可假设 $\mu\neq0$ 且 $\boldsymbol{v}_0\neq\boldsymbol{0}$。由式(3.5)可得，

$$(\boldsymbol{I}-\hat{\boldsymbol{Q}}_{j-1}^{\mathrm{T}}\hat{\boldsymbol{Q}}_{j-1})\boldsymbol{v}_0+\lambda^{-1}\hat{\boldsymbol{Q}}_{j-1}\boldsymbol{q}_j\ (\hat{\boldsymbol{Q}}_{j-1}\boldsymbol{q}_j)^{\mathrm{T}}\boldsymbol{v}_0=\lambda\boldsymbol{v}_0,$$

整理后可得

$$\lambda^2=\lambda\frac{\boldsymbol{v}_0^{\mathrm{T}}(\boldsymbol{I}-\hat{\boldsymbol{Q}}_{j-1}^{\mathrm{T}}\hat{\boldsymbol{Q}}_{j-1})\boldsymbol{v}_0}{\boldsymbol{v}_0^{\mathrm{T}}\boldsymbol{v}_0}+\frac{\boldsymbol{v}_0^{\mathrm{T}}\hat{\boldsymbol{Q}}_{j-1}\boldsymbol{q}_j\ (\hat{\boldsymbol{Q}}_{j-1}\boldsymbol{q}_j)^{\mathrm{T}}\boldsymbol{v}_0}{\boldsymbol{v}_0^{\mathrm{T}}\boldsymbol{v}_0}\leqslant\alpha|\lambda|+\omega^2,$$

故

$$|\lambda|\leqslant\frac{\alpha+\sqrt{\alpha^2+4\omega^2}}{2}。$$

证毕。

在 $\boldsymbol{q}_j$ 范数为 1 的前提下，上述引理利用 $\|\hat{\boldsymbol{Q}}_{j-1}^{\mathrm{T}}\boldsymbol{q}_j\|$ 的上限和第 $j-1$ 步的正交损失限得到第 j 步的正交损失限。下面对该引理做进一步优化，不再给出第 $j-1$ 步正交损失限，而是给出前 j 步 $\|\hat{\boldsymbol{Q}}_{i-1}^{\mathrm{T}}\boldsymbol{q}_i\|$ 的上限，其中 $i=2,3,\cdots,j$。在此基础上，证明第 j 步的正交损失有更简洁的上限。

引理 3.2 给定 $\boldsymbol{q}_i$ 使得 $\|\boldsymbol{q}_i\|=1$，其中 $i=1,2,\cdots,j$。令 $\hat{\boldsymbol{Q}}_j=(\boldsymbol{q}_1,\cdots,\boldsymbol{q}_j)$。若 $\|\hat{\boldsymbol{Q}}_{i-1}^{\mathrm{T}}\boldsymbol{q}_i\|\leqslant\omega$，其中 $i=2,3,\cdots,j$，则

$$\|\boldsymbol{I}-\hat{\boldsymbol{Q}}_j^{\mathrm{T}}\hat{\boldsymbol{Q}}_j\|\leqslant\omega\sqrt{2j}。$$

证明：定义递推公式

$$a_1=1,\quad a_{i+1}=\frac{1}{2}(a_i+\sqrt{a_i^2+4})。$$

显然 $a_1<\sqrt{2}$。假设 $a_k<\sqrt{2k}$ 成立，于是有

$$\left(\frac{a_{k+1}}{\sqrt{2(k+1)}}\right)^2=\frac{a_k^2+a_k\sqrt{a_k^2+4}+2}{4(k+1)}<\frac{k+\sqrt{(k+1)^2-1}+1}{2(k+1)}<1,$$

故 $a_{k+1}<\sqrt{2(k+1)}$。因此，$a_i<\sqrt{2i}$ 对任意 i 成立。

令 $\|\boldsymbol{I}-\hat{\boldsymbol{Q}}_{i-1}^{\mathrm{T}}\hat{\boldsymbol{Q}}_{i-1}\|\leqslant\omega a_{i-1}$，其中 $i=2,3,\cdots,j$，易知 $a_1=1$ 满足该式。由引理 3.1 可知，

$$\| \boldsymbol{I}-(\hat{\boldsymbol{Q}}_{i-1},\boldsymbol{q}_i)^{\mathrm{T}}(\hat{\boldsymbol{Q}}_{i-1},\boldsymbol{q}_i) \| \leqslant \frac{\omega}{2}(a_{i-1}+\sqrt{a_{i-1}^2+4})=\omega a_i,\quad i=2,3,\cdots,j。$$

利用前文递推公式的结论，能够得到

$$\| \boldsymbol{I}-\hat{\boldsymbol{Q}}_j^{\mathrm{T}}\hat{\boldsymbol{Q}}_j \| = \| \boldsymbol{I}-(\hat{\boldsymbol{Q}}_{j-1},\boldsymbol{q}_j)^{\mathrm{T}}(\hat{\boldsymbol{Q}}_{j-1},\boldsymbol{q}_j) \| \leqslant \omega\sqrt{2j}。$$

故引理得证，且该结论对任意 $j=1,2,\cdots,n$ 成立。证毕。

最后，有限精度运算会使得 $\hat{\boldsymbol{q}}_i$ 的范数不为 1。令 $\| \hat{\boldsymbol{q}}_i \| =\xi_i$，借助引理 3.2，可推出 $\| \hat{\boldsymbol{Q}}_{i-1}\hat{\boldsymbol{q}}_i \|$ 与 $\| \boldsymbol{I}-\hat{\boldsymbol{Q}}_j^{\mathrm{T}}\hat{\boldsymbol{Q}}_j \|$ 误差限之间的联系，其中 $i=2,3,\cdots,j$。

定理 3.3 给定 $\hat{\boldsymbol{q}}_i$ 使得 $\| \hat{\boldsymbol{q}}_i \| =\xi_i$，且 $|\xi_i^2-1|\leqslant\sigma$，其中 $i=1,2,\cdots,j$。令 $\hat{\boldsymbol{Q}}_j=(\hat{\boldsymbol{q}}_1,\cdots,\hat{\boldsymbol{q}}_j)$。若 $\| \hat{\boldsymbol{Q}}_{i-1}^{\mathrm{T}}\hat{\boldsymbol{q}}_i \| \leqslant\omega\xi_i$，其中 $i=2,3,\cdots,j$，则

$$\| \boldsymbol{I}-\hat{\boldsymbol{Q}}_j^{\mathrm{T}}\hat{\boldsymbol{Q}}_j \| \leqslant\sigma+\omega(1+\sigma)\sqrt{2j}。\tag{3.6}$$

证明：注意到 $\| \hat{\boldsymbol{q}}_i\xi_i^{-1} \| =1$。令 $\boldsymbol{D}_j=\mathrm{diag}(\xi_1,\cdots,\xi_j)$。显然，矩阵 $\hat{\boldsymbol{Q}}_j\boldsymbol{D}_j^{-1}=(\hat{\boldsymbol{q}}_1\xi_1^{-1},\cdots,\hat{\boldsymbol{q}}_j\xi_j^{-1})$ 满足引理 3.2 的条件，于是有

$$\| \boldsymbol{I}-(\hat{\boldsymbol{Q}}_j\boldsymbol{D}_j^{-1})^{\mathrm{T}}\hat{\boldsymbol{Q}}_j D_j^{-1} \| \leqslant\omega\sqrt{2j},$$

故

$$\| (\hat{\boldsymbol{Q}}_j\boldsymbol{D}_j^{-1})^{\mathrm{T}}\hat{\boldsymbol{Q}}_j\boldsymbol{D}_j^{-1} \| \leqslant 1+\omega\sqrt{2j}。$$

由已知条件可知，$\| \boldsymbol{D}_j \| \leqslant\sqrt{1+\sigma}$。因此，

$$\| \hat{\boldsymbol{Q}}_j^{\mathrm{T}}\hat{\boldsymbol{Q}}_j \| = \| \boldsymbol{D}_j(\hat{\boldsymbol{Q}}_j\boldsymbol{D}_j^{-1})^{\mathrm{T}}\hat{\boldsymbol{Q}}_j\boldsymbol{D}_j^{-1}\boldsymbol{D}_j \| \leqslant(1+\omega\sqrt{2j})(1+\sigma),$$

故

$$\| \boldsymbol{I}-\hat{\boldsymbol{Q}}_j^{\mathrm{T}}\hat{\boldsymbol{Q}}_j \| \leqslant(1+\omega\sqrt{2j})(1+\sigma)-1=\sigma+\omega(1+\sigma)\sqrt{2j}。$$

证毕。

3.2.3 第一次投影

由式(3.2)可知，上述定理中 $\xi_i^2=1+\mathcal{O}(m)\varepsilon_{\mathrm{u}}$，故 $\sigma=\mathcal{O}(m)\varepsilon_{\mathrm{u}}$。若 $\omega=\mathcal{O}(mn)\varepsilon_{\mathrm{u}}$，则

$$\sigma+\omega(1+\sigma)\sqrt{2j}\leqslant\mathcal{O}(m)\varepsilon_{\mathrm{u}}+\mathcal{O}(mn)\varepsilon_{\mathrm{u}}(1+\mathcal{O}(m)\varepsilon_{\mathrm{u}})\sqrt{2n}=\mathcal{O}(mn^{\frac{3}{2}})\varepsilon_{\mathrm{u}}。$$

下面要在式(3.4)的假设下，借助定理 3.3，依次对两次投影做分析。将式(3.6)重

新记作

$$\| \boldsymbol{I}-\hat{\boldsymbol{Q}}_j^{\mathrm{T}}\hat{\boldsymbol{Q}}_j \| \leqslant c_1(m,n)\varepsilon_{\mathrm{u}}, \tag{3.7}$$

其中 $c_1(m,n)=\mathcal{O}(mn^{3/2})$。这里采用与式(3.3)相同的符号,原因在于虽然多项式的系数不同,但不影响误差分析的结果,因此不再对相同次数的多项式及其乘法作区分。故

$$\| \hat{\boldsymbol{Q}}_j \| \leqslant \sqrt{1+c_1(m,n)\varepsilon_{\mathrm{u}}}。 \tag{3.8}$$

由式(3.2f)可得

$$\| \hat{\boldsymbol{Q}}_{j-1}^{\mathrm{T}}\hat{\boldsymbol{q}}_j \| \leqslant \frac{\| \hat{\boldsymbol{Q}}_{j-1}^{\mathrm{T}}\hat{\boldsymbol{w}}_j \|}{\| \hat{\boldsymbol{w}}_j \|}+\| \hat{\boldsymbol{Q}}_{j-1}^{\mathrm{T}}\Delta\boldsymbol{q}_j \|,$$

而在后文中将会看到,$\| \hat{\boldsymbol{Q}}_{j-1}^{\mathrm{T}}\hat{\boldsymbol{w}}_j \| / \| \hat{\boldsymbol{w}}_j \|$ 的上限依赖于 $\| \hat{\boldsymbol{Q}}_{j-1}^{\mathrm{T}}\hat{\boldsymbol{v}}_j \| / \| \hat{\boldsymbol{v}}_j \|$。本小节将在式(3.2a)和式(3.2b)的基础上给出 $\| \hat{\boldsymbol{Q}}_{j-1}^{\mathrm{T}}\hat{\boldsymbol{v}}_j \| / \| \hat{\boldsymbol{v}}_j \|$ 的上限。首先给出一个引理。

引理 3.4 存在 $c_1(m,n)=\mathcal{O}(mn^{3/2})$ 且满足 $c_1(m,n)\varepsilon_{\mathrm{u}}\boldsymbol{\kappa}(\boldsymbol{A})<1/2$,使得

$$\frac{\| \boldsymbol{a}_j \|}{\| \hat{\boldsymbol{v}}_j \|} \leqslant \boldsymbol{\kappa}(\boldsymbol{A})(1-c_1(m,n)\varepsilon_{\mathrm{u}}\boldsymbol{\kappa}(\boldsymbol{A}))^{-1}。$$

证明:由式(3.2b)和式(3.2d)可得,

$$\boldsymbol{a}_j+\Delta\boldsymbol{v}_j+\Delta\boldsymbol{w}_j=\hat{\boldsymbol{w}}_j+\sum_{i=1}^{j-1}\hat{\boldsymbol{q}}_i(\hat{s}_{i,j}+\hat{t}_{i,j}),$$

写成矩阵形式,前 $j-1$ 列满足

$$\boldsymbol{A}_{j-1}+\Delta\boldsymbol{V}_{j-1}+\Delta\boldsymbol{W}_{j-1}=\hat{\boldsymbol{Q}}_{j-1}\hat{\boldsymbol{R}}_{j-1}。$$

由式(3.2b)可知,$\boldsymbol{a}_j+\Delta\boldsymbol{v}_j-\hat{\boldsymbol{v}}_j=\hat{\boldsymbol{Q}}_{j-1}\hat{\boldsymbol{S}}_{1:j-1,j}$,故

$$\boldsymbol{A}_j+(\Delta\boldsymbol{V}_{j-1}+\Delta\boldsymbol{W}_{j-1},\Delta\boldsymbol{v}_j-\hat{\boldsymbol{v}}_j)=\hat{\boldsymbol{Q}}_{j-1}(\hat{\boldsymbol{R}}_{j-1},\hat{\boldsymbol{S}}_{1:j-1,j})。$$

上述公式中,$\hat{\boldsymbol{R}}_{j-1}=\hat{\boldsymbol{S}}_{j-1}+\hat{\boldsymbol{T}}_{j-1}+\mathrm{diag}(\hat{r}_{1,1},\cdots,\hat{r}_{j-1,j-1})$,其中 $j-1$ 阶方阵 $\hat{\boldsymbol{S}}_{j-1}$ 和 $\hat{\boldsymbol{T}}_{j-1}$ 的对角线及下方元素都为零,其余元素满足式(3.2a)和式(3.2c)。不妨假设

$$\| \Delta\boldsymbol{V}_{j-1} \| \leqslant \mathcal{O}(mn^{\frac{3}{2}})\varepsilon_{\mathrm{u}} \| \boldsymbol{A}_{j-1} \|, \quad \| \Delta\boldsymbol{W}_{j-1} \| \leqslant \mathcal{O}(mn^{\frac{3}{2}})\varepsilon_{\mathrm{u}} \| \boldsymbol{A}_{j-1} \|, \tag{3.9}$$

后文会看到,在 $c_1(m,n)\varepsilon_{\mathrm{u}}\boldsymbol{\kappa}(\boldsymbol{A})<1/2$ 的条件下,该假设不影响 CGS2 稳定性的证明。注意到 $\boldsymbol{A}_j$ 为满秩矩阵,而 $\hat{\boldsymbol{Q}}_{j-1}(\hat{\boldsymbol{R}}_{j-1},\hat{\boldsymbol{S}}_{1:j-1,j})$ 的秩为 $j-1$,根据奇异值的性

质,可知

$$0=\sigma_{\min}(\hat{\boldsymbol{Q}}_{j-1}(\hat{\boldsymbol{R}}_{j-1},\hat{\boldsymbol{S}}_{1:j-1,j}))\geqslant\sigma_{\min}(\boldsymbol{A}_j)-\|(\Delta\boldsymbol{V}_{j-1}+\Delta\boldsymbol{W}_{j-1},\Delta\boldsymbol{v}_j-\hat{\boldsymbol{v}}_j)\|,$$

从而有

$$\sigma_{\min}(\boldsymbol{A})\leqslant\|\Delta\boldsymbol{V}_{j-1}\|+\|\Delta\boldsymbol{W}_{j-1}\|+\|\Delta\boldsymbol{v}_j\|+\|\hat{\boldsymbol{v}}_j\|。$$

有关矩阵范数和奇异值的性质可参阅戈卢布和范洛恩的著作 GVL13。已知 $\|\boldsymbol{A}_{i:j,k:l}\|\leqslant\|\boldsymbol{A}\|$,其中 $1\leqslant i\leqslant j\leqslant m$,$1\leqslant k\leqslant l\leqslant n$。将式(3.2b)和式(3.9)代入上式,可得

$$\sigma_{\min}(\boldsymbol{A})\leqslant c_1(m,n)\varepsilon_{\mathrm{u}}\|\boldsymbol{A}\|+\|\hat{\boldsymbol{v}}_j\|,$$

故

$$\|\hat{\boldsymbol{v}}\|\geqslant\sigma_{\min}(\boldsymbol{A})(1-c_1(m,n)\varepsilon_{\mathrm{u}}\kappa(\boldsymbol{A})),$$

于是

$$\frac{\|\boldsymbol{a}_j\|}{\|\hat{\boldsymbol{v}}_j\|}\leqslant\frac{\|\boldsymbol{A}\|}{\|\hat{\boldsymbol{v}}_j\|}\leqslant\kappa(\boldsymbol{A})(1-c_1(m,n)\varepsilon_{\mathrm{u}}\kappa(\boldsymbol{A}))^{-1}。$$

证毕。

引理 3.4 中 $c_1(m,n)$的系数与前文中 $c_1(m,n)$的系数不同,但量级相同,因此用同样的记号表示,不影响误差分析结果。条件中的小于 1/2 可换成小于 1,这里是为了使$(1-c_1(m,n)\varepsilon_{\mathrm{u}}\kappa(\boldsymbol{A}))^{-1}$存在一个上限。下面给出 $\|\hat{\boldsymbol{Q}}_{j-1}^{\mathrm{T}}\hat{\boldsymbol{v}}_j\|/\|\hat{\boldsymbol{v}}_j\|$ 的上限。

引理 3.5 若 $\|\hat{\boldsymbol{Q}}_{i-1}^{\mathrm{T}}\hat{\boldsymbol{q}}_i\|\leqslant\mathcal{O}(mn)\varepsilon_{\mathrm{u}}$,其中 $i=2,3,\cdots,j-1$,则存在 $c_1(m,n)=\mathcal{O}(mn^{3/2})$ 且满足 $c_1(m,n)\varepsilon_{\mathrm{u}}\kappa(\boldsymbol{A})<1/2$,使得

$$\frac{\|\hat{\boldsymbol{Q}}_{j-1}^{\mathrm{T}}\hat{\boldsymbol{v}}_j\|}{\|\hat{\boldsymbol{v}}_j\|}\leqslant c_1(m,n)\varepsilon_{\mathrm{u}}\kappa(\boldsymbol{A})。$$

证明:令定理 3.3 中的 $\omega=\mathcal{O}(mn)$,且由式(3.2)可知,定理 3.3 中 $\xi_i^2=1+\mathcal{O}(m)\varepsilon_{\mathrm{u}}$。故根据已知条件,式(3.7)和式(3.8)成立。将式(3.2b)左乘 $\hat{\boldsymbol{Q}}_{j-1}^{\mathrm{T}}$,并将式(3.2a)代入,可以得到

$$\hat{\boldsymbol{Q}}_{j-1}^{\mathrm{T}}\hat{\boldsymbol{v}}_j=(\boldsymbol{I}-\hat{\boldsymbol{Q}}_{j-1}^{\mathrm{T}}\hat{\boldsymbol{Q}}_{j-1})\hat{\boldsymbol{Q}}_{j-1}^{\mathrm{T}}\boldsymbol{a}_j-\hat{\boldsymbol{Q}}_{j-1}^{\mathrm{T}}\sum_{i=1}^{j-1}\hat{\boldsymbol{q}}_i\Delta s_{i,j}+\hat{\boldsymbol{Q}}_{j-1}^{\mathrm{T}}\Delta\boldsymbol{v}_j。$$

于是,将式(3.2a)、式(3.2b)、式(3.2f)、式(3.7)、式(3.8)代入,可以得到

$$\frac{\|\hat{\boldsymbol{Q}}_{j-1}^{\mathrm{T}}\hat{\boldsymbol{v}}_j\|}{\|\hat{\boldsymbol{v}}_j\|}\leqslant(\mathcal{O}(mn^{\frac{3}{2}})\varepsilon_{\mathrm{u}}+mn(1+\mathcal{O}(m)\varepsilon_{\mathrm{u}})\varepsilon_{\mathrm{u}}+\mathcal{O}(mn)\varepsilon_{\mathrm{u}})\sqrt{1+\mathcal{O}(mn^{\frac{3}{2}})\varepsilon_{\mathrm{u}}}\frac{\|\boldsymbol{a}_j\|}{\|\hat{\boldsymbol{v}}_j\|}$$

$$=\mathcal{O}(mn^{\frac{3}{2}})\varepsilon_{\mathrm{u}}\frac{\|\boldsymbol{a}_j\|}{\|\hat{\boldsymbol{v}}_j\|},$$

其中根据已知条件 $\mathcal{O}(mn^{3/2})\varepsilon_{\mathrm{u}}\leqslant 1/2$,故 $\sqrt{1+\mathcal{O}(mn^{3/2})\varepsilon_{\mathrm{u}}}=\mathcal{O}(1)$。再将引理 3.4 的结论代入,可得

$$\frac{\|\hat{\boldsymbol{Q}}_{j-1}^{\mathrm{T}}\hat{\boldsymbol{v}}_j\|}{\|\hat{\boldsymbol{v}}_j\|}\leqslant\mathcal{O}(mn^{\frac{3}{2}})\varepsilon_{\mathrm{u}}\kappa(\mathbf{A})(1-c_1(m,n)\varepsilon_{\mathrm{u}}\kappa(\mathbf{A}))^{-1}=c_1(m,n)\varepsilon_{\mathrm{u}}\kappa(\mathbf{A}),$$

从而引理得证。

回顾式(3.4),3.2 节的证明逻辑是,假设 $\|\hat{\boldsymbol{Q}}_{i-1}\hat{\boldsymbol{q}}_i\|\leqslant\mathcal{O}(mn)\varepsilon_{\mathrm{u}}$,其中 $i=2,3,\cdots,j-1$,若能证明 $\|\hat{\boldsymbol{Q}}_{j-1}\hat{\boldsymbol{q}}_j\|\leqslant\mathcal{O}(mn)\varepsilon_{\mathrm{u}}$,则根据定理 3.3 及式(3.8),可得到 CGS2 的正交损失限。而通过引理 3.5 可看到,若只做一次投影,则新向量的正交性与矩阵 **A** 的条件数有关。因此,为完成归纳证明,第二次投影是必不可少的。

3.2.4 第二次投影

下面要研究 $\hat{\boldsymbol{w}}_j$ 与 $\hat{\boldsymbol{Q}}_{j-1}$ 的正交关系。假设式(3.4)成立,于是引理 3.5 的结论成立。下面的引理给出了 $\|\hat{\boldsymbol{w}}_j\|$ 与 $\|\hat{\boldsymbol{v}}_j\|$ 的大小关系。

引理 3.6 若 $\|\hat{\boldsymbol{Q}}_{i-1}^{\mathrm{T}}\hat{\boldsymbol{q}}_i\|\leqslant\mathcal{O}(mn)\varepsilon_{\mathrm{u}}$,其中 $i=2,3,\cdots,j-1$,则存在 $c_1(m,n)=\mathcal{O}(mn^{3/2})$ 且满足 $c_1(m,n)\varepsilon_{\mathrm{u}}\kappa(\mathbf{A})<1/2$,使得

$$\frac{\|\hat{\boldsymbol{v}}_j\|}{\|\hat{\boldsymbol{w}}_j\|}\leqslant(1-c_1(m,n)\varepsilon_{\mathrm{u}}\kappa(\mathbf{A}))^{-1}。$$

证明:根据式(3.2c)、(3.2d)、(3.2f)、(3.8)和引理 3.5,可以得到

$$\frac{\|\hat{\boldsymbol{w}}_j\|}{\|\hat{\boldsymbol{v}}_j\|}\geqslant 1-\frac{\|\hat{\boldsymbol{Q}}_{j-1}\|\;\|\hat{\boldsymbol{Q}}_{j-1}^{\mathrm{T}}\hat{\boldsymbol{v}}_j\|}{\|\hat{\boldsymbol{v}}_j\|}-\frac{\left\|\sum_{i=1}^{j-1}\hat{\boldsymbol{q}}_i\Delta t_{i,j}\right\|}{\|\hat{\boldsymbol{v}}_j\|}-\frac{\|\Delta\boldsymbol{w}_j\|}{\|\hat{\boldsymbol{v}}_j\|}$$

$$\geqslant 1-\sqrt{1+\mathcal{O}(mn^{\frac{3}{2}})\varepsilon_{\mathrm{u}}}\cdot\mathcal{O}(mn^{\frac{3}{2}})\varepsilon_{\mathrm{u}}\kappa(\mathbf{A})-mn(1+\mathcal{O}(m)\varepsilon_{\mathrm{u}})\varepsilon_{\mathrm{u}}-\mathcal{O}(mn)\varepsilon_{\mathrm{u}}$$

$$=1-\mathcal{O}(mn^{\frac{3}{2}})\varepsilon_{\mathrm{u}}\kappa(\mathbf{A}),$$

从而有

$$\frac{\|\hat{\boldsymbol{v}}_j\|}{\|\hat{\boldsymbol{w}}_j\|}\leqslant(1-c_1(m,n)\varepsilon_{\mathrm{u}}\kappa(\boldsymbol{A}))^{-1}。$$

证毕。

比较引理 3.6 与引理 3.4，可看到第一次投影以后，若 $\boldsymbol{A}$ 的条件数很大，则 $\|\boldsymbol{a}_j\|$ 与 $\|\hat{\boldsymbol{v}}_j\|$ 会相差很大，该情况下舍入误差的影响会非常严重。而在第二次投影后，$\|\hat{\boldsymbol{v}}_j\|$ 与 $\|\hat{\boldsymbol{w}}_j\|$ 非常接近。前文给出了多个量级为 $\mathcal{O}(mn^{3/2})$ 的常量，这里将最大的常量定义为 $c_1(m,n)$。此外，定义新的常量 $c_2(m,n)=\mathcal{O}(m^2n^3)$。借助引理 3.4 以及之前的结论，可以完成归纳法的证明，得到正交损失限。

定理 3.7 令 $\boldsymbol{A}\in\mathbb{R}^{m\times n}$，其中 $m>n$，且 $\boldsymbol{A}$ 的秩为 n。由 CGS2 计算 $\boldsymbol{A}=\boldsymbol{QR}$，其中 $\boldsymbol{Q}\in\mathbb{R}^{m\times n}$ 列向量正交，$\boldsymbol{R}\in\mathbb{R}^{n\times n}$ 为对角矩阵。若 $c_2(m,n)\varepsilon_{\mathrm{u}}\kappa(\boldsymbol{A})\leqslant 1$，则

$$\|\boldsymbol{I}-\hat{\boldsymbol{Q}}^{\mathrm{T}}\hat{\boldsymbol{Q}}\|\leqslant c_1(m,n)\varepsilon_{\mathrm{u}},$$

其中 $c_1(m,n)=\mathcal{O}(mn^{3/2})$，$c_2=\mathcal{O}(m^2n^3)$。

证明：假设 $\|\hat{\boldsymbol{Q}}_{i-1}^{\mathrm{T}}\hat{\boldsymbol{q}}_i\|\leqslant\mathcal{O}(mn)\varepsilon_{\mathrm{u}}$，其中 $i=2,3,\cdots,j-1$。根据已知条件和引理 3.6，有

$$\frac{\|\hat{\boldsymbol{v}}_j\|}{\|\hat{\boldsymbol{w}}_j\|}\leqslant(1-\mathcal{O}(mn^{\frac{3}{2}})\varepsilon_{\mathrm{u}}\kappa(\boldsymbol{A}))^{-1}。$$

由式(3.2c)和式(3.2d)可得

$$\hat{\boldsymbol{Q}}_{j-1}^{\mathrm{T}}\hat{\boldsymbol{w}}_j=(\boldsymbol{I}-\hat{\boldsymbol{Q}}_{j-1}^{\mathrm{T}}\hat{\boldsymbol{Q}}_{j-1})\hat{\boldsymbol{Q}}_{j-1}^{\mathrm{T}}\hat{\boldsymbol{v}}_j-\hat{\boldsymbol{Q}}_{j-1}^{\mathrm{T}}\sum_{i=1}^{j-1}\hat{\boldsymbol{q}}_i\Delta\hat{t}_{i,j}+\hat{\boldsymbol{Q}}_{j-1}^{\mathrm{T}}\Delta\boldsymbol{w}_j。$$

将式(3.2c)、式(3.2d)、式(3.2f)、式(3.7)、式(3.8)和引理 3.5 代入，可以得到

$$\begin{aligned}\frac{\|\hat{\boldsymbol{Q}}_{j-1}^{\mathrm{T}}\hat{\boldsymbol{w}}_j\|}{\|\hat{\boldsymbol{w}}_j\|}&\leqslant(\mathcal{O}(m^2n^3)\varepsilon_{\mathrm{u}}\kappa(\boldsymbol{A})+mn(1+\mathcal{O}(m)\varepsilon_{\mathrm{u}})+\\&\quad\mathcal{O}(mn))\sqrt{1+\mathcal{O}(mn^{\frac{3}{2}})\varepsilon_{\mathrm{u}}}\frac{\|\hat{\boldsymbol{v}}_j\|}{\|\hat{\boldsymbol{w}}_j\|}\varepsilon_{\mathrm{u}}\\&=\mathcal{O}(mn)\varepsilon_{\mathrm{u}}\frac{\|\hat{\boldsymbol{v}}_j\|}{\|\hat{\boldsymbol{w}}_j\|}\leqslant\mathcal{O}(mn)\varepsilon_{\mathrm{u}}(1-\mathcal{O}(mn^{\frac{3}{2}})\varepsilon_{\mathrm{u}}\kappa(\boldsymbol{A}))^{-1}\\&\leqslant\mathcal{O}(mn)\varepsilon_{\mathrm{u}}。\end{aligned}$$

故

$$\|\hat{\boldsymbol{Q}}_{j-1}^{\mathrm{T}}\hat{\boldsymbol{q}}_j\| \leqslant \frac{\|\hat{\boldsymbol{Q}}_{j-1}^{\mathrm{T}}\hat{\boldsymbol{w}}_j\|}{\|\hat{\boldsymbol{w}}_j\|} + \|\hat{\boldsymbol{Q}}_{j-1}^{\mathrm{T}}\Delta\boldsymbol{q}_j\|$$

$$\leqslant \mathcal{O}(mn)\varepsilon_{\mathrm{u}} + \sqrt{1+\mathcal{O}(mn^{\frac{3}{2}})\varepsilon_{\mathrm{u}}}\,\mathcal{O}(m)\varepsilon_{\mathrm{u}} = \mathcal{O}(mn)\varepsilon_{\mathrm{u}},$$

从而有 $\|\hat{\boldsymbol{Q}}_{i-1}^{\mathrm{T}}\hat{\boldsymbol{q}}_i\| \leqslant \mathcal{O}(mn)\varepsilon_{\mathrm{u}}$ 对任意 $i=2,3,\cdots,j$ 成立。由定理 3.3 和式(3.7)可知，

$$\|\boldsymbol{I}-\hat{\boldsymbol{Q}}^{\mathrm{T}}\hat{\boldsymbol{Q}}\| \leqslant c_1(m,n)\varepsilon_{\mathrm{u}},$$

故定理得证。

上述定理采用吉罗等人 2005 年发表的文章中的假设条件。应注意到该条件并非最优，但足够给出想要的结论。由此看出，CGS2 的正交损失很小，达到机器精度的量级。这证明了如果矩阵 $\boldsymbol{A}$ 的条件数不是特别大，那么两次投影足以令格拉姆-施密特过程拥有良好的正交性。MGS2 也具有良好的正交性，且和 CGS2 的计算复杂度相同。但 CGS2 是 2 级算法，计算更加高效，因此比 MGS2 更实用。

3.3 CGS-P 及相关算法

与 CGS2 相比，CGS 的输出矩阵正交性很差，甚至无法给出正交损失的上限。回顾 CGS 算法，这里只给出矩阵形式。

算法 3.5 CGS(矩阵形式)

for $j=1:n$

  $\boldsymbol{R}_{1:j-1,j}=\boldsymbol{Q}_{:,1:j-1}^{\mathrm{T}}\boldsymbol{a}_j$

  $\boldsymbol{w}_j=\boldsymbol{a}_j-\boldsymbol{Q}_{:,1:j-1}\boldsymbol{R}_{1:j-1,j}$

  $r_{j,j}=\|\boldsymbol{w}_j\|$

  $\boldsymbol{q}_j=\boldsymbol{w}_j/r_{j,j}$

end

算法 3.5 和算法 2.2 完全相同。观察到矩阵 $\boldsymbol{R}$ 的对角元 $r_{j,j}$ 可用另一种方式计算。根据高维空间的勾股定理，可知

$$r_{j,j}^2 + \sum_{i=1}^{j-1} r_{i,j}^2 = \| \boldsymbol{a}_j \|^2,$$

故

$$r_{j,j} = (\psi_j - \phi_j)^{\frac{1}{2}} (\psi_j + \phi_j)^{\frac{1}{2}},$$

其中

$$\psi_j = \| \boldsymbol{a}_j \|, \quad \phi_j = \left(\sum_{i=1}^{j-1} r_{i,j}^2 \right)^{\frac{1}{2}} = \| \boldsymbol{R}_{1:j-1,j} \|。$$

在英文文献中，该算法被称为 CGS-P。勾股定理又称毕达哥拉斯定理(Pythagorean theorem)，故用其首字母命名这种变体。

算法 3.6 CGS-P(矩阵形式)

for $j=1:n$

$\boldsymbol{R}_{1:j-1,j} = \boldsymbol{Q}_{:,1:j-1}^{\mathrm{T}} \boldsymbol{a}_j$

$\boldsymbol{w}_j = \boldsymbol{a}_j - \boldsymbol{Q}_{:,1:j-1} \boldsymbol{R}_{1:j-1,j}$

$\psi_j = \| \boldsymbol{a}_j \|, \phi_j = \| \boldsymbol{R}_{1:j-1,j} \|$

$r_{j,j} = (\psi_j - \phi_j)^{1/2} (\psi_j + \phi_j)^{1/2}$

$\boldsymbol{q}_j = \boldsymbol{w}_j / r_{j,j}$

end

结合 CGS 和 CGS-P，可以提出一种与 CGS-K 类似的自适应算法。给定阈值 $K>1$，使得若

$$\| \boldsymbol{w}_j \| \leqslant \frac{1}{K} \| \boldsymbol{a}_j \|,$$

则执行 CGS2，做两次正交投影；反之则执行 CGS-P，不做重正交。原因在于，如果 $\| \boldsymbol{w}_j \|$ 与 $\| \boldsymbol{a}_j \|$ 相比不太小，那么舍入误差的影响相对不大，因此不需要两次正交投影，使用 CGS-P 即可。后文将看到，CGS-P 的正交损失限可给出，因此比 CGS 更可靠。

算法 3.7 CGS-A(矩阵形式)

for $j=1:n$

$\boldsymbol{R}_{1:j-1,j} = \boldsymbol{Q}_{:,1:j-1}^{\mathrm{T}} \boldsymbol{a}_j$

$\boldsymbol{w}_j = \boldsymbol{a}_j - \boldsymbol{Q}_{:,1:j-1} \boldsymbol{R}_{1:j-1,j}$

if $\| \boldsymbol{a}_j \| \geqslant K \| \boldsymbol{w}_j \|$

$s = Q^{T}_{:,1:j-1} w_j$

$w_j = w_j - Q_{:,1:j-1} s$

$R_{1:j-1,j} = R_{1:j-1,j} + s$

$r_{j,j} = \| w_j \|$

else

$\psi_j = \| a_j \|, \phi_j = \| R_{1:j-1,j} \|$

$r_{j,j} = (\psi_j - \phi_j)^{1/2} (\psi_j + \phi_j)^{1/2}$

end

$q_j = w_j / r_{j,j}$

end

这里将该算法命名为 CGS-A，即自适应(adaptive)CGS 算法。与 CGS-K 相比，算法 3.7 当条件判断失败时完成 CGS-P，而不是 CGS。

3.4　CGS-P 的误差分析

令 $\mathbf{A} \in \mathbb{R}^{m \times n}$，其中 $m > n$，且 $\mathbf{A}$ 的秩为 n。将 QR 分解的浮点运算结果记作 $\hat{Q}$ 和 $\hat{R}$。CGS-P 的误差分析由斯莫克图诺维奇(A. Smoktunowicz)等人于 2006 年在一篇文章(简写为 SBL06)中给出。吉罗等人在 2005 年的文章(简写为 GLRV05)中给出过 CGS 的正交损失限，量级为 $\mathcal{O}(\varepsilon_u \kappa(\mathbf{A})^2)$，其证明过程用到 Cholesky 分解的误差结论

$$\hat{R}^{T} \hat{R} = A^{T} A + E, \quad \| E \| \leqslant \mathcal{O}(mn^2) \varepsilon_u \| A \|^2,$$

而 SBL06 指出该结论是错误的，GLRV05 没有仔细考虑对角元的误差限。SBL06 基于 CGS-P 重新给出了证明过程，并用实例展示了 CGS 的正交损失可能远超过 $\mathcal{O}(\varepsilon_u \kappa(\hat{R})^2)$，而 CGS-P 则始终满足该上限。

将 CGS-P 在第 j 步的浮点运算输出结果记作 $\hat{Q}_j$ 和 $\hat{R}_j$。本节以 SBL06 的证明形式给出 CGS-P 的误差分析。

定理 3.8 令 $\boldsymbol{A}\in\mathbb{R}^{m\times n}$，其中 $m>n$，且 $\boldsymbol{A}$ 的秩为 n。由 CGS-P 计算 $\boldsymbol{A}=\boldsymbol{QR}$，其中 $\boldsymbol{Q}\in\mathbb{R}^{m\times n}$ 列向量正交，$\boldsymbol{R}\in\mathbb{R}^{n\times n}$ 为对角矩阵。若 $c''_4(m,n)\varepsilon_u\kappa(\hat{\boldsymbol{R}})^2\leqslant 1$，则

$$\boldsymbol{A}_j+\Delta\boldsymbol{A}_j=\hat{\boldsymbol{Q}}_j\hat{\boldsymbol{R}}_j,\ \|\Delta\boldsymbol{A}_j\|\leqslant c_3(m,j)\varepsilon_u\|\boldsymbol{A}_j\|, \tag{3.10a}$$

$$\boldsymbol{A}_j^{\mathrm{T}}\boldsymbol{A}_j+\boldsymbol{E}_j=\hat{\boldsymbol{R}}_j^{\mathrm{T}}\hat{\boldsymbol{R}}_j,\quad \|\boldsymbol{E}_j\|\leqslant c_4(m,j)\varepsilon_u\|\boldsymbol{A}_j\|^2, \tag{3.10b}$$

$$\|\hat{\boldsymbol{R}}_j\|=\|\boldsymbol{A}_j\|(1+\boldsymbol{\mu}_j),\quad |\boldsymbol{\mu}_j|\leqslant c'_4(m,j)\varepsilon_u, \tag{3.10c}$$

$$\|\boldsymbol{I}-\hat{\boldsymbol{Q}}_j^{\mathrm{T}}\hat{\boldsymbol{Q}}_j\|\leqslant c''_4(m,j)\varepsilon_u\kappa(\hat{\boldsymbol{R}}_j)^2, \tag{3.10d}$$

$$\|\hat{\boldsymbol{Q}}_j\|\leqslant\sqrt{2}, \tag{3.10e}$$

其中 $c_3(m,j)=\mathcal{O}(mj)$，$c_4(m,j)=\mathcal{O}(mj^2)$，$c'_4(m,j)=\mathcal{O}(mj^2)$，$c''_4(m,j)=\mathcal{O}(mj^2)$。

证明：用归纳法，易知当 $j=1$ 时式(3.10)显然成立。假设式(3.10)在第 $j-1$ 步时成立，下面证明式(3.10)在第 j 步时依然成立。首先证式(3.10a)。根据算法 3.6，有

$$\boldsymbol{w}_j=\boldsymbol{a}_j-\boldsymbol{Q}_{j-1}\boldsymbol{s}_j,\quad \boldsymbol{s}_j=\boldsymbol{Q}_{j-1}^{\mathrm{T}}\boldsymbol{a}_j。$$

于是

$$\hat{\boldsymbol{s}}_j=\hat{\boldsymbol{Q}}_{j-1}^{\mathrm{T}}\boldsymbol{a}_j+\Delta\boldsymbol{s}_j,\quad \|\Delta\boldsymbol{s}_j\|\leqslant m\sqrt{j-1}\varepsilon_u\|\hat{\boldsymbol{Q}}_{j-1}\|\|\boldsymbol{a}_j\|,$$

根据假设，式(3.10e)在第 $j-1$ 步时成立，故

$$\hat{\boldsymbol{s}}_j=\hat{\boldsymbol{Q}}_{j-1}^{\mathrm{T}}\boldsymbol{a}_j+\Delta\boldsymbol{s}_j,\quad \|\Delta\boldsymbol{s}_j\|\leqslant m\sqrt{2(j-1)}\varepsilon_u\|\boldsymbol{a}_j\|。 \tag{3.11}$$

然后，有

$$\hat{\boldsymbol{w}}_j=\boldsymbol{a}_j-\hat{\boldsymbol{Q}}_{j-1}\hat{\boldsymbol{s}}_j+\Delta\boldsymbol{w}_j,\quad \|\Delta\boldsymbol{w}_j\|\leqslant\varepsilon_u\|\boldsymbol{a}_j\|+m\sqrt{2(j-1)}\varepsilon_u\|\hat{\boldsymbol{s}}_j\|。 \tag{3.12}$$

根据算法 3.6，有

$$\hat{\psi}_j=\|\boldsymbol{a}_j\|+\Delta\psi_j,\quad |\Delta\psi_j|\leqslant\mathcal{O}(m)\|\boldsymbol{a}_j\|\varepsilon_u, \tag{3.13}$$

$$\hat{\phi}_j=\|\hat{\boldsymbol{s}}_j\|+\Delta\phi_j,\quad |\Delta\phi_j|\leqslant\mathcal{O}(m)\|\hat{\boldsymbol{s}}_j\|\varepsilon_u。 \tag{3.14}$$

根据假设条件，$\hat{\boldsymbol{R}}$ 可逆，故 $r_{j,j}>0$，由此可知 $\hat{\psi}_j>\hat{\phi}_j$。因此，

$$\|\hat{\boldsymbol{s}}_j\|<\|\boldsymbol{a}_j\|+\Delta\psi_j-\Delta\phi_j\leqslant\|\boldsymbol{a}_j\|+\mathcal{O}(m)\varepsilon_u\|\boldsymbol{a}_j\|, \tag{3.15}$$

代入式(3.12)，可得

$$\|\Delta\boldsymbol{w}_j\|\leqslant(m\sqrt{2(j-1)}+1)\varepsilon_u\|\boldsymbol{a}_j\|。 \tag{3.16}$$

由式(3.11)和式(3.12)可得

$$\begin{aligned}\|\hat{\boldsymbol{w}}_j+\Delta\boldsymbol{w}_j\|^2&=\|\boldsymbol{a}_j\|^2+\|\hat{\boldsymbol{Q}}_{j-1}\hat{\boldsymbol{s}}_j\|^2-2\boldsymbol{a}_j^{\mathrm{T}}\hat{\boldsymbol{Q}}_{j-1}\hat{\boldsymbol{s}}_j\\&=\|\boldsymbol{a}_j\|^2+\|\hat{\boldsymbol{Q}}_{j-1}\hat{\boldsymbol{s}}_j\|^2-2\hat{\boldsymbol{s}}_j^{\mathrm{T}}\hat{\boldsymbol{s}}_j+2\Delta s_j^{\mathrm{T}}\hat{\boldsymbol{s}}_j\\&\leqslant\|\boldsymbol{a}_j\|^2+2\|\Delta s_j\|\|\hat{\boldsymbol{s}}_j\|\\&\leqslant\|\boldsymbol{a}_j\|^2+2m\sqrt{2(j-1)}\varepsilon_{\mathrm{u}}\|\boldsymbol{a}_j\|(\|\boldsymbol{a}_j\|+\mathcal{O}(m)\varepsilon_{\mathrm{u}}\|\boldsymbol{a}_j\|)\\&=(1+2m\sqrt{2(j-1)}\varepsilon_{\mathrm{u}})\|\boldsymbol{a}_j\|^2\\&\leqslant(1+m\sqrt{2(j-1)}\varepsilon_{\mathrm{u}})^2\|\boldsymbol{a}_j\|^2,\end{aligned}$$

再根据式(3.16),可以得到

$$\|\hat{\boldsymbol{w}}_j\|\leqslant\|\boldsymbol{a}_j\|+2m\sqrt{2(j-1)}\varepsilon_{\mathrm{u}}\|\boldsymbol{a}_j\|。$$

回到式(3.10a),有

$$\Delta\boldsymbol{A}_j=\hat{\boldsymbol{Q}}_j\hat{\boldsymbol{R}}_j-\boldsymbol{A}_j=(\Delta\boldsymbol{A}_{j-1},\Delta\boldsymbol{a}_j),$$

其中

$$\Delta\boldsymbol{a}_j=\hat{\boldsymbol{Q}}_{j-1}\hat{\boldsymbol{s}}_j+\hat{\boldsymbol{q}}_j\hat{r}_{j,j}-\boldsymbol{a}_j=\hat{\boldsymbol{Q}}_{j-1}\hat{\boldsymbol{s}}_j+(\boldsymbol{I}+\boldsymbol{G}_j)\hat{\boldsymbol{w}}_j-\boldsymbol{a}_j,\quad\|\boldsymbol{G}_j\|\leqslant\varepsilon_{\mathrm{u}}。$$

该式是基本舍入误差模型在向量运算中的扩展。再由式(3.12),可得

$$\Delta\boldsymbol{a}_j=\boldsymbol{G}_j\hat{\boldsymbol{w}}_j+\Delta\boldsymbol{w}_j,$$

故

$$\|\Delta\boldsymbol{a}_j\|\leqslant\|\boldsymbol{G}_j\|\|\hat{\boldsymbol{w}}_j\|+\|\Delta\boldsymbol{w}_j\|\leqslant\varepsilon_{\mathrm{u}}\|\boldsymbol{a}_j\|+(m\sqrt{2(j-1)}+1)\varepsilon_{\mathrm{u}}\|\boldsymbol{a}_j\|。$$

现在计算 $\Delta\boldsymbol{A}_j$ 的上限。根据归纳法,假设 $\|\Delta\boldsymbol{A}_{j-1}\|_{\mathrm{F}}\leqslant\mathcal{O}(m\sqrt{j})\varepsilon_{\mathrm{u}}\|\boldsymbol{A}_{j-1}\|_{\mathrm{F}}$ 成立,于是

$$\begin{aligned}\|\Delta\boldsymbol{A}_j\|_{\mathrm{F}}^2&\leqslant\|\Delta\boldsymbol{A}_{j-1}\|_{\mathrm{F}}^2+\|\Delta\boldsymbol{a}_j\|^2\\&\leqslant\mathcal{O}(m\sqrt{j})^2\varepsilon_{\mathrm{u}}^2\|\boldsymbol{A}_{j-1}\|_{\mathrm{F}}^2+(m\sqrt{2(j-1)}+2)^2\varepsilon_{\mathrm{u}}^2\|\boldsymbol{a}_j\|^2\\&\leqslant\max\left\{\mathcal{O}(m\sqrt{j})^2,(m\sqrt{2(j-1)}+2)^2\right\}\varepsilon_{\mathrm{u}}^2(\|\boldsymbol{A}_{j-1}\|_{\mathrm{F}}^2+\|\boldsymbol{a}_j\|^2)\\&=\mathcal{O}(m\sqrt{j})^2\varepsilon_{\mathrm{u}}^2\|\boldsymbol{A}_j\|_{\mathrm{F}}^2,\end{aligned}$$

从而有

$$\|\Delta\boldsymbol{A}_j\|\leqslant\|\Delta\boldsymbol{A}_j\|_{\mathrm{F}}\leqslant\mathcal{O}(m\sqrt{j})\varepsilon_{\mathrm{u}}\|\boldsymbol{A}_j\|_{\mathrm{F}}\leqslant\mathcal{O}(mj)\varepsilon_{\mathrm{u}}\|\boldsymbol{A}_j\|。$$

故式(3.10a)得证。

下面观察式(3.10b)。根据假设,有

$$\boldsymbol{A}_{j-1}^{\mathrm{T}}\boldsymbol{A}_{j-1}+\boldsymbol{E}_{j-1}=\hat{\boldsymbol{R}}_{j-1}^{\mathrm{T}}\hat{\boldsymbol{R}}_{j-1}, \quad \|\boldsymbol{E}_{j-1}\|\leqslant\mathcal{O}(mj^2)\varepsilon_{\mathrm{u}}\|\boldsymbol{A}_{j-1}\|^2。$$

观察到

$$\boldsymbol{E}_j=\begin{pmatrix}\boldsymbol{E}_{j-1} & \boldsymbol{p}_j\\ \boldsymbol{p}_j^{\mathrm{T}} & e_{j,j}\end{pmatrix}=\begin{pmatrix}\hat{\boldsymbol{R}}_{j-1}^{\mathrm{T}}\hat{\boldsymbol{R}}_{j-1}-\boldsymbol{A}_{j-1}^{\mathrm{T}}\boldsymbol{A}_{j-1} & \hat{\boldsymbol{R}}_{j-1}^{\mathrm{T}}\hat{\boldsymbol{s}}_j-\boldsymbol{A}_{j-1}^{\mathrm{T}}\boldsymbol{a}_j\\ (\hat{\boldsymbol{R}}_{j-1}^{\mathrm{T}}\hat{\boldsymbol{s}}_j-\boldsymbol{A}_{j-1}^{\mathrm{T}}\boldsymbol{a}_j)^{\mathrm{T}} & \hat{\boldsymbol{s}}_j^{\mathrm{T}}\hat{\boldsymbol{s}}_j+\hat{r}_{j,j}^2-\boldsymbol{a}_j^{\mathrm{T}}\boldsymbol{a}_j\end{pmatrix}。\tag{3.17}$$

由式(3.13)和式(3.14)可得

$$\begin{aligned}\hat{r}_{j,j}&=(\hat{\psi}_j-\hat{\phi}_j)^{\frac{1}{2}}(\hat{\psi}_j+\hat{\phi}_j)^{\frac{1}{2}}(1+\Delta\tilde{r}_{j,j})\\&=\sqrt{(\|\boldsymbol{a}_j\|^2+2\Delta\psi_j+\Delta\psi_j^2-\|\hat{\boldsymbol{s}}_j\|^2-2\Delta\phi_j-\Delta\phi_j^2)(1+\Delta\tilde{r}_{j,j})^2}\\&=\sqrt{\|\boldsymbol{a}_j\|^2(1+\boldsymbol{v}_1)-\|\hat{\boldsymbol{s}}_j\|^2(1+v_2)},\end{aligned}$$

其中

$$\Delta\tilde{r}_{j,j}\leqslant\mathcal{O}(1)\varepsilon_{\mathrm{u}},\quad v_1\leqslant\mathcal{O}(m)\varepsilon_{\mathrm{u}},\quad v_2\leqslant\mathcal{O}(m)\varepsilon_{\mathrm{u}}。$$

于是,由式(3.15)可得

$$\begin{aligned}|e_{j,j}|&\leqslant\|\boldsymbol{a}_j\|^2|\boldsymbol{v}_1|+\|\hat{\boldsymbol{s}}_j\|^2|v_2|\leqslant(|v_1|+|v_2|)\|\boldsymbol{a}_j\|^2\\&\leqslant\mathcal{O}(m)\varepsilon_{\mathrm{u}}\|\boldsymbol{a}_j\|^2\leqslant\mathcal{O}(m)\varepsilon_{\mathrm{u}}\|\boldsymbol{A}_j\|^2。\end{aligned}$$

由式(3.11)和式(3.17)可得

$$\boldsymbol{p}_j=\hat{\boldsymbol{R}}_{j-1}^{\mathrm{T}}\hat{\boldsymbol{s}}_j-\boldsymbol{A}_{j-1}^{\mathrm{T}}\boldsymbol{a}_j=\hat{\boldsymbol{R}}_{j-1}^{\mathrm{T}}\hat{\boldsymbol{Q}}_{j-1}^{\mathrm{T}}\boldsymbol{a}_j-\boldsymbol{A}_{j-1}^{\mathrm{T}}\boldsymbol{a}_j+\hat{\boldsymbol{R}}_{j-1}^{\mathrm{T}}\Delta\boldsymbol{s}_j=\Delta\boldsymbol{A}_{j-1}^{\mathrm{T}}\boldsymbol{a}_j+\hat{\boldsymbol{R}}_{j-1}^{\mathrm{T}}\Delta\boldsymbol{s}_j,$$

故

$$\begin{aligned}\|\boldsymbol{p}_j\|&\leqslant\|\Delta\boldsymbol{A}_{j-1}\|\;\|\boldsymbol{a}_j\|+\|\hat{\boldsymbol{R}}_{j-1}\|\;\|\Delta\boldsymbol{s}_j\|\\&\leqslant\mathcal{O}(mj)\varepsilon_{\mathrm{u}}\|\boldsymbol{A}_{j-1}\|\;\|\boldsymbol{a}_j\|+m\sqrt{2(j-1)}\varepsilon_{\mathrm{u}}\|\boldsymbol{A}_{j-1}\|\;\|\boldsymbol{a}_j\|\\&=\mathcal{O}(mj)\varepsilon_{\mathrm{u}}\|\boldsymbol{A}_{j-1}\|\;\|\boldsymbol{a}_j\|\leqslant\mathcal{O}(mj)\varepsilon_{\mathrm{u}}\|\boldsymbol{A}_j\|^2。\end{aligned}$$

于是,根据矩阵范数的性质,可给出式(3.17)的上限

$$\begin{aligned}\|\boldsymbol{E}_j\|&\leqslant\left\|\begin{pmatrix}\boldsymbol{E}_{j-1} & \boldsymbol{0}\\ \boldsymbol{0} & e_{j,j}\end{pmatrix}\right\|+\left\|\begin{pmatrix}\boldsymbol{0} & \boldsymbol{p}_j\\ \boldsymbol{p}_j^{\mathrm{T}} & \boldsymbol{0}\end{pmatrix}\right\|\leqslant\max\{\|\boldsymbol{E}_{j-1}\|,\|e_{j,j}\|\}+\|\boldsymbol{p}_j\|\\&\leqslant(\max\{\mathcal{O}(mj^2),\mathcal{O}(m)\}+\mathcal{O}(mj))\varepsilon_{\mathrm{u}}\|\boldsymbol{A}_{j-1}\|^2=\mathcal{O}(mj^2)\varepsilon_{\mathrm{u}}\|\boldsymbol{A}_j\|^2。\end{aligned}$$

故式(3.10b)得证。

下面由式(3.10b)推导式(3.10c)。易知

$$\|\hat{\boldsymbol{R}}_j\|^2=\|\boldsymbol{A}_j^{\mathrm{T}}\boldsymbol{A}_j+\boldsymbol{E}_j\|\leqslant\|\boldsymbol{A}_j^{\mathrm{T}}\boldsymbol{A}_j\|+\|\boldsymbol{E}_j\|\leqslant(1+\mathcal{O}(mj^2)\varepsilon_{\mathrm{u}})\|\boldsymbol{A}_j\|^2,$$

于是有

$$\|\hat{\boldsymbol{R}}_j\|\leqslant\sqrt{1+\mathcal{O}(mj^2)\varepsilon_{\mathrm{u}}+\left(\frac{\mathcal{O}(mj^2)}{2}\varepsilon_{\mathrm{u}}\right)^2}\|\boldsymbol{A}_j\|\leqslant\left(1+\frac{\mathcal{O}(mj^2)}{2}\varepsilon_{\mathrm{u}}\right)\|\boldsymbol{A}_j\|。$$

故 $2c_4'(m,j)=c_4(m,j)$，式(3.10c)得证。

下面给出正交损失限。由式(3.10a)～(3.10c)可得

$$\begin{aligned}\boldsymbol{I}-\hat{\boldsymbol{Q}}_j^{\mathrm{T}}\hat{\boldsymbol{Q}}_j&=\boldsymbol{I}-\hat{\boldsymbol{R}}_j^{-\mathrm{T}}(\boldsymbol{A}_j+\Delta\boldsymbol{A}_j)^{\mathrm{T}}(\boldsymbol{A}_j+\Delta\boldsymbol{A}_j)\hat{\boldsymbol{R}}_j^{-1}\\&=\hat{\boldsymbol{R}}_j^{-\mathrm{T}}(\hat{\boldsymbol{R}}_j^{\mathrm{T}}\hat{\boldsymbol{R}}_j-A_j^{\mathrm{T}}\boldsymbol{A}_j-(\Delta\boldsymbol{A}_j)^{\mathrm{T}}\boldsymbol{A}_j-\boldsymbol{A}_j^{\mathrm{T}}\Delta\boldsymbol{A}_j-(\Delta\boldsymbol{A}_j)^{\mathrm{T}}\Delta\boldsymbol{A}_j)\hat{\boldsymbol{R}}_j^{-1}\\&=\hat{\boldsymbol{R}}_j^{-\mathrm{T}}(\boldsymbol{E}_j-(\Delta\boldsymbol{A}_j)^{\mathrm{T}}\boldsymbol{A}_j-\boldsymbol{A}_j^{\mathrm{T}}\Delta\boldsymbol{A}_j-(\Delta\boldsymbol{A}_j)^{\mathrm{T}}\Delta\boldsymbol{A}_j)\hat{\boldsymbol{R}}_j^{-1},\end{aligned}$$

于是有

$$\begin{aligned}\|\boldsymbol{I}-\hat{\boldsymbol{Q}}_j^{\mathrm{T}}\hat{\boldsymbol{Q}}_j\|&\leqslant\|\hat{\boldsymbol{R}}_j^{-1}\|^2(\|\boldsymbol{E}_j\|+2\|\Delta\boldsymbol{A}_j\|\|\boldsymbol{A}_j\|+\|\Delta\boldsymbol{A}_j\|^2)\\&\leqslant\|\hat{\boldsymbol{R}}_j^{-1}\|^2(\mathcal{O}(mj^2)\varepsilon_{\mathrm{u}}\|\boldsymbol{A}_j\|^2+2\mathcal{O}(mj)\varepsilon_{\mathrm{u}}\|\boldsymbol{A}_j\|^2+\mathcal{O}(mj)^2\varepsilon_{\mathrm{u}}^2\|\boldsymbol{A}_j\|^2)\\&\leqslant\mathcal{O}(mj^2)\varepsilon_{\mathrm{u}}\|\hat{\boldsymbol{R}}_j\|^2\|\hat{\boldsymbol{R}}_j^{-1}\|^2=\mathcal{O}(mj^2)\varepsilon_{\mathrm{u}}\boldsymbol{\kappa}(\hat{\boldsymbol{R}}_j)^2。\end{aligned}$$

故 $c_4''(m,j)=2c_3(m,j)+c_4(m,j)$，正交损失限(3.10d)得证。

最后用式(3.10d)推导式(3.10e)。易得

$$\begin{aligned}\|\hat{\boldsymbol{Q}}_j\|^2&=\|\boldsymbol{I}-\hat{\boldsymbol{Q}}_j^{\mathrm{T}}\hat{\boldsymbol{Q}}_j-\boldsymbol{I}\|\leqslant1+\|\boldsymbol{I}-\hat{\boldsymbol{Q}}_j^{\mathrm{T}}\hat{\boldsymbol{Q}}_j\|\\&\leqslant1+c_4''(m,j)\varepsilon_{\mathrm{u}}\boldsymbol{\kappa}(\hat{\boldsymbol{R}}_j)^2\leqslant2,\end{aligned}$$

其中最后一个不等关系由假设条件得到。故式(3.10e)得证，从而定理得证。

观察式(3.10d)。令 $\lambda_{\min}(\cdot)$ 为方阵绝对值最小的特征值。根据特征值的性质和式(3.10b)，可得

$$\begin{aligned}\lambda_{\min}(\hat{\boldsymbol{R}}_j^{\mathrm{T}}\hat{\boldsymbol{R}}_j)&\geqslant\lambda_{\min}(\boldsymbol{A}_j^{\mathrm{T}}\boldsymbol{A}_j)-\|\boldsymbol{E}_j\|\geqslant\lambda_{\min}(\boldsymbol{A}_j^{\mathrm{T}}\boldsymbol{A}_j)-\mathcal{O}(mj^2)\varepsilon_{\mathrm{u}}\|\boldsymbol{A}_j\|^2\\&\geqslant\lambda_{\min}(\boldsymbol{A}_j^{\mathrm{T}}\boldsymbol{A}_j)-\mathcal{O}(mj^2)\varepsilon_{\mathrm{u}}\|\hat{\boldsymbol{R}}_j\|^2\\&=\lambda_{\min}(\boldsymbol{A}_j^{\mathrm{T}}\boldsymbol{A}_j)-\mathcal{O}(mj^2)\varepsilon_{\mathrm{u}}\boldsymbol{\kappa}(\hat{\boldsymbol{R}}_j)^2\|\hat{\boldsymbol{R}}_j^{-1}\|^{-2}。\end{aligned}$$

已知

$$\|\hat{\boldsymbol{R}}_j^{-1}\|=(\lambda_{\min}(\hat{\boldsymbol{R}}_j^{\mathrm{T}}\hat{\boldsymbol{R}}_j))^{-\frac{1}{2}},\quad\|\boldsymbol{A}_j^{\dagger}\|=(\lambda_{\min}(\boldsymbol{A}_j^{\mathrm{T}}\boldsymbol{A}_j))^{-\frac{1}{2}},\tag{3.18}$$

其中 $\boldsymbol{A}_j^{\dagger}$ 为穆尔-彭罗斯伪逆（Moore-Penrose pseudoinverse），满足 $\kappa(\boldsymbol{A}_j)=\|\boldsymbol{A}_j\|\|\boldsymbol{A}_j^{\dagger}\|$。戈卢布和范洛恩在 GVL13 中有关于伪逆的简单介绍。于是有

$$\lambda_{\min}(\hat{\boldsymbol{R}}_j^{\mathrm{T}}\hat{\boldsymbol{R}}_j)\geqslant\lambda_{\min}(\boldsymbol{A}_j^{\mathrm{T}}\boldsymbol{A}_j)-\mathcal{O}(mj^2)\varepsilon_{\mathrm{u}}\kappa(\hat{\boldsymbol{R}}_j)^2\lambda_{\min}(\hat{\boldsymbol{R}}_j^{\mathrm{T}}\hat{\boldsymbol{R}}_j),$$

故

$$\lambda_{\min}(\hat{\boldsymbol{R}}_j^{\mathrm{T}}\hat{\boldsymbol{R}}_j)\geqslant\frac{\lambda_{\min}(\boldsymbol{A}_j^{\mathrm{T}}\boldsymbol{A}_j)}{1+\mathcal{O}(mj^2)\varepsilon_{\mathrm{u}}\kappa(\hat{\boldsymbol{R}}_j)^2}=\lambda_{\min}(\boldsymbol{A}_j^{\mathrm{T}}\boldsymbol{A}_j)(1-\mathcal{O}(mj^2)\varepsilon_{\mathrm{u}}\kappa(\hat{\boldsymbol{R}}_j)^2)。$$

于是，由式(3.18)可得

$$\|\hat{\boldsymbol{R}}_j^{-1}\|\leqslant\|\boldsymbol{A}_j^{\dagger}\|(1-\mathcal{O}(mj^2)\varepsilon_{\mathrm{u}}\kappa(\hat{\boldsymbol{R}}_j)^2)^{-\frac{1}{2}}。$$

再由式(3.10c)可得

$$\kappa(\hat{\boldsymbol{R}}_j)\leqslant\kappa(\boldsymbol{A}_j)(1-\mathcal{O}(mj^2)\varepsilon_{\mathrm{u}}\kappa(\hat{\boldsymbol{R}}_j)^2)^{-\frac{1}{2}}(1+\mathcal{O}(mj^2)\varepsilon_{\mathrm{u}})。$$

因此，若将定理 3.8 的限制条件加强，如 $\mathcal{O}(mj^2)\varepsilon_{\mathrm{u}}\kappa(\hat{\boldsymbol{R}}_j)^2\leqslant 1/2$，则有

$$\|\boldsymbol{I}-\hat{\boldsymbol{Q}}_j^{\mathrm{T}}\hat{\boldsymbol{Q}}_j\|\leqslant\mathcal{O}(mj^2)\varepsilon_{\mathrm{u}}\kappa(\boldsymbol{A}_j)^2。$$

该式为 CGS-P 正交损失限的另一种表示。

第4章　极小残差法

广义极小残差法是求解非对称线性方程组的一类重要迭代方法，英文缩写为 GMRES，该方法正式发表于 1986 年，由萨阿德（Y. Saad）和舒尔茨（M. H. Schultz）提出。此后广义极小残差法被不断研究，相关算法在工程实践中被广泛使用。原因有多方面。首先，GMRES 具有最优性，每一步迭代都会寻找当下的全局最优解；其次，GMRES 是可靠的，在准确精度下算法不会意外终止，除非提前找到准确解；最后，GMRES 依然在发展，不断有新特性和新算法出现。正交化是 GMRES 算法的重要组成部分，因此能够用到格拉姆-施密特过程。其中，基于 MGS 的 GMRES 算法是最常用的。本章先介绍线性方程组和广义极小残差法及相关算法，然后给出 MGS-GMRES 的误差分析。

4.1　线性方程组

线性方程组求解是线性代数的核心问题，在工程实践中应用广泛。对于非奇异的线性方程组

$$\boldsymbol{A}\boldsymbol{x}=\boldsymbol{b}, \tag{4.1}$$

其中 $\boldsymbol{A}\in\mathbb{R}^{n\times n}$，$\boldsymbol{b}\in\mathbb{R}^{n}$，求解方法可分为直接法和迭代法两大类。若问题规模较小，则可采用矩阵分解的手段，将 $\boldsymbol{A}$ 分解为下三角阵和上三角阵的乘积，进而依次解出未知向量 $\boldsymbol{x}$ 的各个元素。这类方法称为直接法，戈卢布和范洛恩在 GVL13 中对其有详细介绍。当问题规模较大时，首先，矩阵 $\boldsymbol{A}$ 往往由微分方程离散得到，因此 $\boldsymbol{A}$ 中仅有少量非零元素。这使得矩阵 $\boldsymbol{A}$ 具有稀疏特性，此时称式(4.1)为大型

稀疏线性方程组。萨阿德在2003年的著作(记作Saad03)中详细介绍了稀疏矩阵格式。对于这类系统,往往采用迭代法进行求解。迭代法又可大致分为两类。一类是松弛法,或称基本方法,主要包括雅可比(Jacobi)迭代法、高斯-赛德尔(Gauss-Seidel)迭代法、逐次超松弛(SOR)迭代法。这些基本方法有重要意义,但收敛速度慢,因此在实际计算时主要以预条件子(preconditioner)的形式对其他算法进行加速,而很少作为独立的解法器使用。这些内容亦可参阅Saad03。另一类是Krylov子空间法,或称克雷洛夫子空间法。这类方法以俄罗斯海军工程师克雷洛夫(A. Krylov)的名字命名。此外,稀疏矩阵也有相应的分解算法,但在分解过程中需要重新分配稀疏矩阵的存储空间,因此会产生额外开销。一般来说,二维物理问题的离散系统用直接法求解效率较高,而三维问题的离散系统往往使用迭代法来求解。

4.1.1 Krylov子空间法

GMRES属于Krylov子空间法,而Krylov子空间法是一类特殊的投影法。将未知向量 $\boldsymbol{x}$ 的初始估计值记作 $\boldsymbol{x}_0$,将当前迭代步数记作 j,同时选取 j 维子空间 $\mathscr{S}_j$ 和 $\mathscr{C}_j$。投影法能够构建一个解序列 $\{\boldsymbol{x}_j\}$,满足

$$\boldsymbol{x}_j \in \boldsymbol{x}_0 + \mathscr{S}_j, \quad \boldsymbol{r}_j \perp \mathscr{C}_j,$$

其中 $\boldsymbol{r}_j = \boldsymbol{b} - \boldsymbol{A}\boldsymbol{x}_j$ 为残差向量。一般将 $\mathscr{S}_j$ 称为搜索空间(search space),将 $\mathscr{C}_j$ 称为约束空间(constrained space)。容易看到,满足条件的 $\boldsymbol{x}_j$ 是唯一的。投影法一般指定嵌套的搜索空间

$$\mathscr{S}_1 \subset \mathscr{S}_2 \subset \mathscr{S}_3 \subset \cdots,$$

使得满足约束条件的解在当前空间具有一定程度的优越性,进而在迭代过程中逐渐逼近准确解。Krylov子空间是最常用的搜索空间,常见定义为

$$\mathscr{K}_j(\boldsymbol{A}, \boldsymbol{r}_0) = \mathrm{span}\{\boldsymbol{r}_0, \boldsymbol{A}\boldsymbol{r}_0, \cdots, \boldsymbol{A}^{j-1}\boldsymbol{r}_0\}, \tag{4.2}$$

其中span{ · }表示所给向量集合的张成空间。若无歧义,经常将式(4.2)简记作 $\mathscr{K}_j$。GMRES就使用式(4.2)作为解的候选空间。对于其他形式的Krylov子空间,这里不做介绍。要观察到Krylov子空间的构造只需要不断做矩阵-向量乘法即可,而不需要了解矩阵 $\boldsymbol{A}$ 的内部结构。另一方面,Krylov子空间的维数不能无限增加。已知 $\boldsymbol{A}$ 非奇异,因此最大维数为 n。在实际计算时,只要残差向量 $\boldsymbol{r}_j$ 的范

数足够小，迭代过程就可终止。

除 GMRES 之外，其他常用的 Krylov 子空间法有共轭梯度法、无转置拟极小残差法（TFQMR）、稳定双共轭梯度法（BICGSTAB）、诱导降维法（IDR）等。其中，共轭梯度法面向对称正定系统，GMRES 面向非对称系统，都具有最优性；TFQMR 和 BICGSTAB 面向非对称系统，虽不具有最优性，但开销小、稳定性较强，因此也常被使用；IDR 与 BICGSTAB 在原理上具有很强的相关性，改进版本被称为 IDR(s)。令 ρ 为收敛阈值，这里列出 BICGSTAB 算法，以便和后文的 GMRES 算法做比较。

算法 4.1　BICGSTAB

$\boldsymbol{p}_0=\boldsymbol{r}_0$

for $j=0,1,\cdots$

　$\boldsymbol{v}_j=\boldsymbol{A}\boldsymbol{p}_j$

　$\alpha_j=\boldsymbol{r}_0^{\mathrm{T}}\boldsymbol{r}_j/\boldsymbol{r}_0^{\mathrm{T}}\boldsymbol{v}_j$

　$\boldsymbol{s}_j=\boldsymbol{r}_j-\alpha_j\boldsymbol{v}_j$

　if $\|\boldsymbol{s}_j\|\leqslant\rho$, then

　　$\boldsymbol{x}_{j+1}=\boldsymbol{x}_j+\alpha_j\boldsymbol{p}_j$

　　break

　end

　$\boldsymbol{t}_j=\boldsymbol{A}\boldsymbol{s}_j$

　$\omega_j=\boldsymbol{t}_j^{\mathrm{T}}\boldsymbol{s}_j/\boldsymbol{t}_j^{\mathrm{T}}\boldsymbol{t}_j$

　$\boldsymbol{x}_{j+1}=\boldsymbol{x}_j+\alpha_j\boldsymbol{p}_j+\omega_j\boldsymbol{s}_j$

　$\boldsymbol{r}_{j+1}=\boldsymbol{s}_j-\omega_j\boldsymbol{t}_j$

　if $\|\boldsymbol{r}_{j+1}\|\leqslant\rho$, then

　　break

　end

　$\beta_j=(\boldsymbol{r}_0^{\mathrm{T}}\boldsymbol{r}_{j+1}/\boldsymbol{r}_0^{\mathrm{T}}\boldsymbol{r}_j)\cdot(\alpha_j/\omega_j)$

　$\boldsymbol{p}_{j+1}=\boldsymbol{r}_{j+1}+\beta_j(\boldsymbol{p}_j-\omega_j\boldsymbol{v}_j)$

end

算法 4.1 在实际使用时可做进一步调整。例如，除法运算中分母可能为零，因此需要进一步处理，以保证算法的可靠性；对于大型问题，可使用预条件 BICGSTAB 算法，以加速迭代过程。详细内容可参阅范德沃斯特（H. van der Vorst）的著作。

BICGSTAB 方法由范德沃斯特于 1992 年发表。在此之前，范德沃斯特曾于 1990 年在豪斯霍尔德研讨会（Householder Symposium）上介绍了一种类似的方法。当时，该成果由两个作者署名，分别是范德沃斯特和索内维尔德（P. Sonneveld）。在正式发表的版本中，索内维尔德放弃了署名。索内维尔德是 IDR 和 IDR(s) 的提出者之一，此外他还提出过共轭梯度平方法（CGS）。在工程实践中，CGS 已被 BICGSTAB 取代，但它对线性方程组解法器的发展仍起到推动作用。

4.1.2 扰动分析

第 1 章曾介绍，条件数描述问题本身的好坏，与算法无关。若将计算 $\boldsymbol{A}^{-1}$ 看作问题，则该问题的条件数为 $\kappa(\boldsymbol{A})=\|\boldsymbol{A}\|\,\|\boldsymbol{A}^{-1}\|$，该结果同样也是线性方程组求解问题的条件数。如果是病态问题，即 $\kappa(\boldsymbol{A})$ 很大，那就意味着 $\boldsymbol{A}$ 或 $\boldsymbol{b}$ 很小的扰动会令 $\boldsymbol{x}$ 的计算结果产生很大的误差。

现在问题是，如果输入数据有微小扰动，那么输出结果受到的影响有多大？下面的定理回答了该问题。

定理 4.1 令 $\boldsymbol{A}\in\mathbb{R}^{n\times n}$，$\boldsymbol{b}\in\mathbb{R}^{n}$，且 $\boldsymbol{A}$ 的秩为 n。令 $\boldsymbol{Ax}=\boldsymbol{b}$，$(\boldsymbol{A}+\Delta\boldsymbol{A})\boldsymbol{y}=\boldsymbol{b}+\Delta\boldsymbol{b}$，其中 $\|\Delta\boldsymbol{A}\|\leqslant\varepsilon\|\boldsymbol{E}\|$，$\|\Delta\boldsymbol{b}\|\leqslant\varepsilon\|\boldsymbol{e}\|$。若 ε 很小，使得高次项可以忽略，则

$$\frac{\|\boldsymbol{x}-\boldsymbol{y}\|}{\|\boldsymbol{x}\|}\leqslant\varepsilon\kappa(\boldsymbol{A})\left(\frac{\|\boldsymbol{e}\|}{\|\boldsymbol{b}\|}+\frac{\|\boldsymbol{E}\|}{\|\boldsymbol{A}\|}\right)。\tag{4.3}$$

证明：观察到

$$(\boldsymbol{A}+\Delta\boldsymbol{A})(\boldsymbol{y}-\boldsymbol{x})=\boldsymbol{b}+\Delta\boldsymbol{b}-(\boldsymbol{A}+\Delta\boldsymbol{A})\boldsymbol{x}=\Delta\boldsymbol{b}-\Delta\boldsymbol{A}\boldsymbol{x}。$$

令

$$\boldsymbol{A}(\varepsilon)=\boldsymbol{A}+\varepsilon\widetilde{\boldsymbol{E}},\quad \boldsymbol{b}(\varepsilon)=\boldsymbol{b}+\varepsilon\widetilde{\boldsymbol{e}},\quad \boldsymbol{x}(\varepsilon)=\boldsymbol{y}=\boldsymbol{x}+\boldsymbol{\delta}(\varepsilon),$$

且

$$\boldsymbol{A}(\varepsilon)\boldsymbol{x}(\varepsilon)=\boldsymbol{b}(\varepsilon)。\tag{4.4}$$

也就是说，$\Delta\boldsymbol{A}=\boldsymbol{A}(\varepsilon)-\boldsymbol{A}$，$\Delta\boldsymbol{b}=\boldsymbol{b}(\varepsilon)-\boldsymbol{b}$，故 $\|\widetilde{\boldsymbol{E}}\|\leqslant\|\boldsymbol{E}\|$，$\|\widetilde{\boldsymbol{e}}\|\leqslant\|\boldsymbol{e}\|$。对式(4.4)两边同时求导，可以得到

$$\widetilde{\boldsymbol{E}}\boldsymbol{x}(\varepsilon)+\boldsymbol{A}(\varepsilon)\boldsymbol{x}'(\varepsilon)=\widetilde{\boldsymbol{e}}。$$

由已知条件可知，$\boldsymbol{x}(0)=\boldsymbol{x}$。故

$$\boldsymbol{x}'(0)=\boldsymbol{A}^{-1}(\tilde{\boldsymbol{e}}-\tilde{\boldsymbol{E}}\boldsymbol{x})。$$

于是有

$$\boldsymbol{x}(\varepsilon)=\boldsymbol{x}+\boldsymbol{A}^{-1}(\tilde{\boldsymbol{e}}-\tilde{\boldsymbol{E}}\boldsymbol{x})\varepsilon+\boldsymbol{o}(\varepsilon),$$

忽略高次项以后可得

$$\frac{\|\boldsymbol{x}(\varepsilon)-\boldsymbol{x}\|}{\|\boldsymbol{x}\|}\leqslant\varepsilon\|\boldsymbol{A}^{-1}\|\left(\frac{\|\tilde{\boldsymbol{e}}\|}{\|\boldsymbol{x}\|}+\|\tilde{\boldsymbol{E}}\|\right)\leqslant\varepsilon\|\boldsymbol{A}\|\|\boldsymbol{A}^{-1}\|\left(\frac{\|\boldsymbol{e}\|}{\|\boldsymbol{b}\|}+\frac{\|\boldsymbol{E}\|}{\|\boldsymbol{A}\|}\right),$$

从而定理得证。

上述定理关于 ε 的假设条件不太严格。可将式(4.3)写成

$$\frac{\|\boldsymbol{x}-\boldsymbol{y}\|}{\|\boldsymbol{x}\|}\leqslant\varepsilon\kappa(\boldsymbol{A})\left(\frac{\|\boldsymbol{e}\|}{\|\boldsymbol{b}\|}+\frac{\|\boldsymbol{E}\|}{\|\boldsymbol{A}\|}\right)+\boldsymbol{o}(\varepsilon),$$

然后定理中有关 ε 的条件即可去掉。此外，定理 4.1 也可用代数手段进行证明，可参阅海厄姆 2002 年的著作(记作 High02)。可以看出，该定理借助条件数，将解的相对变化和输入数据的相对扰动联系起来，描述了线性方程组的解对数据扰动的敏感程度，与误差分析中前向误差的概念相似。类似地，也可给出与后向误差相对应的结论。

定理 4.2　令 $\boldsymbol{A}\in\mathbb{R}^{n\times n}$，$\boldsymbol{b}\in\mathbb{R}^{n}$，且 $\boldsymbol{A}$ 的秩为 n。令

$$\eta=\min\{\varepsilon:(\boldsymbol{A}+\Delta\boldsymbol{A})\boldsymbol{y}=\boldsymbol{b}+\Delta\boldsymbol{b},\ \|\Delta\boldsymbol{A}\|\leqslant\varepsilon\|\boldsymbol{E}\|,\ \|\Delta\boldsymbol{b}\|\leqslant\varepsilon\|\boldsymbol{e}\|\},\tag{4.5}$$

则

$$\eta=\frac{\|\boldsymbol{r}\|}{\|\boldsymbol{E}\|\|\boldsymbol{y}\|+\|\boldsymbol{e}\|},\tag{4.6}$$

其中 $\boldsymbol{r}=\boldsymbol{b}-\boldsymbol{A}\boldsymbol{y}$。

证明：由已知条件可知 $\Delta\boldsymbol{A}\boldsymbol{y}=\boldsymbol{r}+\Delta\boldsymbol{b}$，从而有

$$\|\boldsymbol{r}\|-\varepsilon\|\boldsymbol{e}\|\leqslant\|\boldsymbol{r}\|-\|\Delta\boldsymbol{b}\|\leqslant\|\Delta\boldsymbol{A}\|\|\boldsymbol{y}\|\leqslant\varepsilon\|\boldsymbol{E}\|\|\boldsymbol{y}\|,$$

故

$$\varepsilon\geqslant\frac{\|\boldsymbol{r}\|}{\|\boldsymbol{E}\|\|\boldsymbol{y}\|+\|\boldsymbol{e}\|}。\tag{4.7}$$

注意到若取

$$\Delta\boldsymbol{A}=\frac{\|\boldsymbol{E}\|\|\boldsymbol{y}\|}{\|\boldsymbol{E}\|\|\boldsymbol{y}\|+\|\boldsymbol{e}\|}\boldsymbol{r}\boldsymbol{z}^{\mathrm{T}},\quad \Delta\boldsymbol{b}=-\frac{\|\boldsymbol{e}\|}{\|\boldsymbol{E}\|\|\boldsymbol{y}\|+\|\boldsymbol{e}\|}\boldsymbol{r},$$

其中 $\boldsymbol{z}$ 满足 $\boldsymbol{z}^{\mathrm{T}}\boldsymbol{y}=\|\boldsymbol{z}\|\|\boldsymbol{y}\|=1$，即 $\boldsymbol{z}$ 是 $\boldsymbol{y}$ 的对偶向量，则容易看到式(4.5)中的

等式成立，且当 ε 取式(4.7)的右端项时，式(4.5)中的两个不等关系依然成立。故 η 能够取得式(4.7)的下限，即式(4.6)成立。证毕。

定理 4.2 与误差分析中后向误差的概念类似。扰动分析只对问题做分析，不涉及数值算法。但由于形式类似，经常直接将定理 4.1 称为前向误差，将定理 4.2 称为后向误差。在做误差分析时，若式(4.5)得到满足，则有式(4.6)成立。除 2-范数之外，扰动分析也可借助绝对值来完成，即逐项扰动分析。可参阅海厄姆的著作 High02。

4.2 GMRES 及相关算法

文献中经常用 GMRES 表示萨阿德和舒尔茨于 1986 年提出的基于 MGS 的具体迭代算法。本书用 MGS-GMRES 表示该算法，而用 GMRES 表示满足下面约束条件的方法：

$$\boldsymbol{x}_j \in \boldsymbol{x}_0 + \mathcal{K}_j, \tag{4.8a}$$

$$\boldsymbol{r}_j \perp \boldsymbol{A}\mathcal{K}_j。\tag{4.8b}$$

可以看到，GMRES 属于 Krylov 子空间法。此外，文献中有时用“极小残差法”表示佩奇和桑德斯(M. Saunders)于 1975 年发表的算法，记作 MINRES，极小残差法面向对称非正定线性方程组。萨阿德和舒尔茨构建的算法是 MINRES 在非对称系统上的扩展，因此被称为“广义极小残差法”，记作 GMRES。实际上，式(4.8)等价于

$$\|\boldsymbol{r}_j\| = \|\boldsymbol{b}-\boldsymbol{A}\boldsymbol{x}_j\| = \min_{x\in x_0+\mathcal{K}_j}\|\boldsymbol{b}-\boldsymbol{A}\boldsymbol{x}\|。\tag{4.9}$$

也就是说，GMRES 的定义使其具有最优性，每步迭代都能得到当前空间中残差最小的解。当求解对称非正定系统时，MINRES 具有同样的特性。本章只考虑非对称线性方程组，且将数学上等价的过程视为同一种方法，因此对“极小残差法”和“广义极小残差法”两个概念不做区分，并将满足式(4.8)或式(4.9)的方法统称为 GMRES 方法。后文介绍的 MGS-GMRES 和 HH-GMRES 是具体算法。虽然满足式(4.9)的有多种算法，但受舍入误差影响，这些算法的浮点运算结果可能不同，即在数值意义上不等价。也可将“极小残差法”定义在 Krylov 子空间〔式(4.2)〕以

外的其他空间上，即

$$x_j \in x_0 + \mathscr{S}_j, \quad r_j \perp A\mathscr{S}_j。$$

容易看到，该方法使 $r_0 - r_j$ 成为 r_0 在 $A\mathscr{S}_j$ 上的正交投影。将 $\mathscr{S}_j$ 换成 $\mathscr{K}_j$ 以后，该解释同样成立。由于 Krylov 子空间最常用，这里不讨论其他空间的情况。

下面介绍两种典型的 GMRES 算法。最常用到的是萨阿德和舒尔茨提出的基于 MGS 的算法，记作 MGS-GMRES。该算法最早出现在 1983 年的一篇报告中，后来被正式发表于 1986 年。MGS-GMRES 使用 Arnoldi 过程生成 Krylov 子空间的一组标准正交基 $\{v_1, \cdots, v_j\}$，进而使得下式成立：

$$h_{j+1} v_{j+1} = Av_j - \sum_{i=1}^{j} h_{i,j} v_i,$$

其中 $v_1 = r_0 / \| r_0 \|$，$h_{i,j}$ 为待求系数。计算过程中单位向量 v_{j+1} 需要和前 j 个基向量正交，以此为约束可算出全部系数。该过程可表示为下面的形式：

$$h_{i,j} = v_i^{\mathrm{T}} A v_j, \quad i = 1, 2, \cdots, j; \tag{4.10a}$$

$$h_{j+1,j} = \| Av_j - \sum_{i=1}^{j} h_{i,j} v_i \|。\tag{4.10b}$$

前文已经看到，CGS 会产生严重的正交损失，而 MGS 虽然不能达到机器精度，但正交损失限相对温和，详见定理 2.10 及其后续部分。算法 4.2 描述了基于 MGS 的 Arnoldi 过程。

算法 4.2　MGS-Arnoldi

$v_1 = r_0 / \| r_0 \|$

for $j = 0, 1, \cdots$

　$w_j = Av_j$

　for $i = 1, 2, \cdots, j$

　　$h_{i,j} = v_i^{\mathrm{T}} w_j$

　　$w_j = w_j - h_{i,j} v_i$

　end

　$h_{j+1,j} = \| w_j \|$

　$v_{j+1} = w_j / h_{j+1,j}$

end

注意到式(4.10)实际对应了 CGS 过程,将其替换为 MGS 即可得到算法 4.2。又注意到 $h_{j+1,j}=0$ 当且仅当 $j=n$,因此该算法不会意外终止。

令 $\boldsymbol{V}_j=(v_1,\cdots,v_j)\in\mathbb{R}^{n\times j}$。令

$$\boldsymbol{H}_j=\begin{pmatrix} h_{1,1} & \cdots & \cdots & h_{1,j} \\ h_{2,1} & \ddots & & \vdots \\ & \ddots & \ddots & \vdots \\ & & h_{j,j-1} & h_{j,j} \end{pmatrix},\quad \bar{\boldsymbol{H}}_j=\begin{pmatrix} h_{1,1} & \cdots & \cdots & h_{1,j} \\ h_{2,1} & \ddots & & \vdots \\ & \ddots & \ddots & \vdots \\ & & h_{j,j-1} & h_{j,j} \\ & & & h_{j+1,j} \end{pmatrix},$$

或记作 $\bar{\boldsymbol{H}}_j=(\boldsymbol{H}_j^{\mathrm{T}},h_{j+1,j}\boldsymbol{e}_j)^{\mathrm{T}}\in\mathbb{R}^{(j+1)\times j}$,其中 $\boldsymbol{e}_j$ 为单位矩阵的第 j 列;次对角线下方元素为零,即当 $i>j+1$ 时,$h_{i,j}=0$。可以看出,$\boldsymbol{H}_j$ 和 $\bar{\boldsymbol{H}}_j$ 为上海森伯格矩阵。由此可得

$$\boldsymbol{A}\boldsymbol{V}_j=\boldsymbol{V}_{j+1}\bar{\boldsymbol{H}}_j=\boldsymbol{V}_j\boldsymbol{H}_j+h_{j+1,j}\boldsymbol{v}_{j+1}\boldsymbol{e}_j^{\mathrm{T}}, \tag{4.11a}$$

$$\boldsymbol{V}_j^{\mathrm{T}}\boldsymbol{A}\boldsymbol{V}_j=\boldsymbol{H}_j。 \tag{4.11b}$$

回到式(4.8),已知 $\boldsymbol{V}_j$ 的列向量是$\mathscr{K}_j$的一组基,令 $\boldsymbol{y}_j$ 为 $\boldsymbol{x}_j-\boldsymbol{x}_0$ 在这组基上的坐标。于是有

$$\boldsymbol{y}_j=\arg\min_{\boldsymbol{y}}\|\boldsymbol{r}_0-\boldsymbol{A}\boldsymbol{V}_j\boldsymbol{y}\|=\arg\min_{\boldsymbol{y}}\|\beta\boldsymbol{e}_1-\bar{\boldsymbol{H}}_j\boldsymbol{y}\|, \tag{4.12}$$

其中 $\beta=\|\boldsymbol{r}_0\|$。然后有 $\boldsymbol{x}_j=\boldsymbol{x}_0+\boldsymbol{V}_j\boldsymbol{y}_j$。借助式(4.12),可在算法 4.2 的基础上求解线性方程组。计算过程中,可通过第 1 章介绍过的吉文斯旋转将上海森伯格矩阵上三角化。

算法 4.3 MGS-GMRES

$\beta=\|\boldsymbol{r}_0\|$

$\boldsymbol{v}_1=\boldsymbol{r}_0/\beta,\boldsymbol{g}=\beta\boldsymbol{e}_1$

for $j=1,2,\cdots$

  $\boldsymbol{w}_j=\boldsymbol{A}\boldsymbol{v}_j$

  for $i=1,2,\cdots,j$

    $h_{i,j}=\boldsymbol{v}_i^{\mathrm{T}}\boldsymbol{w}_j$

    $\boldsymbol{w}_j=\boldsymbol{w}_j-h_{i,j}\boldsymbol{v}_i$

  end

```
    h_{j+1,j} = ‖ w_j ‖
    v_{j+1} = w_j / h_{j+1,j}
    for i = 1,2,…,j-1
      γ = c_i h_{i,j} + s_i h_{i+1,j}
      h_{i+1,j} = -s_i h_{i,j} + c_i h_{i+1,j}
      h_{i,j} = γ
    end
    μ = (h_{j,j}^2 + h_{j+1,j}^2)^{1/2}
    s_j = h_{j+1,j}/μ, c_j = h_{j,j}/μ
    h_{j,j} = c_j h_{j,j} + s_j h_{j+1,j}
    h_{j+1,j} = 0
    g_{j+1} = -s_j g_j
    g_j = c_j g_j
    if |g_{j+1}| ≤ ρ, then
      break
    end
  end
  Solve H_j y_j = g_{1:j}
  x_j = x_0 + V_j y_j
```

算法 4.3 倒数第 2 行中 $\boldsymbol{H}_j$ 已是上三角阵。向量 $\boldsymbol{g}$ 的初始值为 $\beta\boldsymbol{e}_1$，随着吉文斯旋转过程不断变化。观察到 $|\boldsymbol{g}_{j+1}|$ 正好等于每步迭代的残差，因此中间过程无须计算 $\boldsymbol{x}_i$。详细推导过程可参阅萨阿德的著作。

对算法 4.1 和 4.3 做比较，可以看到 BICGSTAB 在计算过程中可能出现分母为零的情况，因此往往需要做进一步处理，并且 BICGSTAB 不具有最优性，收敛曲线经常产生较大波动，这会影响算法的收敛速率和最大收敛准确度；而 MGS-GMRES 虽然具有最优性，且不会意外终止，但随着迭代步数的增加，计算开销和内存开销都会显著增大。该问题在所有极小残差算法中都存在。解决办法是预先指定一个参数 k，使得每进行 k 步迭代就对算法进行一次“重启”，该办法因此被称为“重启 GMRES”，记作 GMRES(k)；将重启 MGS-GMRES 记作 MGS-GMRES(k)。

除 MGS 以外，豪斯霍尔德过程也可用来实现 GMRES。该算法由沃克（H. Walker）于 1988 年发表，记作 HH-GMRES，用 $\boldsymbol{P}_j$ 表示式（2.5）的豪斯霍尔德矩阵。

算法 4.4 HH-GMRES

$\boldsymbol{w}_1=\boldsymbol{r}_0+\mathrm{sign}(r_{0,1})\|\boldsymbol{r}_0\|\boldsymbol{e}_1$

$\boldsymbol{P}_1=\boldsymbol{I}-2\boldsymbol{w}_1\boldsymbol{w}_1^{\mathrm{T}}/(\boldsymbol{w}_1^{\mathrm{T}}\boldsymbol{w}_1)$

$\beta=-\mathrm{sign}(r_{0,1})\|\boldsymbol{r}_0\|,\boldsymbol{v}_1=\boldsymbol{P}_1\boldsymbol{e}_1$

for $j=1,2,\cdots$

  $\boldsymbol{u}=\boldsymbol{P}_j\boldsymbol{P}_{j-1}\cdots\boldsymbol{P}_1\boldsymbol{A}\boldsymbol{v}_j$

  $\boldsymbol{w}_{j+1}=(0,\cdots,0,u_{j+1},\cdots,u_m)^{\mathrm{T}}$

  $\boldsymbol{w}_{j+1}=\boldsymbol{w}_{j+1}+\mathrm{sign}(u_{j+1})\|\boldsymbol{w}_{j+1}\|\boldsymbol{e}_{j+1}$

  $\boldsymbol{P}_{j+1}=\boldsymbol{I}-2\boldsymbol{w}_{j+1}\boldsymbol{w}_{j+1}^{\mathrm{T}}/(\boldsymbol{w}_{j+1}^{\mathrm{T}}\boldsymbol{w}_{j+1})$

  $\boldsymbol{h}_j=\boldsymbol{P}_{j+1}\boldsymbol{u},\boldsymbol{v}_{j+1}=\boldsymbol{P}_1\boldsymbol{P}_2\cdots\boldsymbol{P}_{j+1}\boldsymbol{e}_{j+1}$

end

$\bar{\boldsymbol{H}}_j=(\boldsymbol{h}_1,\cdots,\boldsymbol{h}_j)_{1:j+1,:}$

$\boldsymbol{y}_j=\arg\min\limits_{\boldsymbol{y}}\|\beta\boldsymbol{e}_1-\bar{\boldsymbol{H}}_j\boldsymbol{y}\|$

$\boldsymbol{x}_j=\boldsymbol{x}_0+\boldsymbol{V}_j\boldsymbol{y}_j$

算法 4.4 在求解 $\boldsymbol{y}_j$ 时可用到和算法 4.3 同样的技巧，用吉文斯旋转逐步消去次对角元，并计算残差。该过程中，豪斯霍尔德 QR 分解可表示为

$$(\boldsymbol{r}_0,\boldsymbol{A}\boldsymbol{v}_1,\cdots,A\boldsymbol{v}_j)=\boldsymbol{P}_1\boldsymbol{P}_2\cdots\boldsymbol{P}_{j+1}(\beta\boldsymbol{e}_1,\boldsymbol{h}_1,\cdots,\boldsymbol{h}_j)。$$

若去掉第 1 列以及矩阵下方的零元素，则上式满足式（4.11）。实际计算时仅需存储 $\boldsymbol{w}_i$，无须存储 $\boldsymbol{P}_i$。此外，也可选择用秦九韶算法计算 $\boldsymbol{x}_j$，从而避免存储 $\boldsymbol{v}_i$。详见萨阿德的著作。与算法 4.3 类似，算法 4.4 的计算和存储开销也会不断增大，因此一般采用重启策略，相应算法记作 HH-GMRES(k)。

除 MGS-GMRES 和 HH-GMRES 之外，还有其他 GMRES 算法。近些年来，随着硬件设备的革新，面向并行环境的算法更加受到关注。值得一提的是，斯沃多维奇（K. Swirydowicz）、朗谷（J. Langou）、阿南丹（S. Ananthan）、杨（U. Yang）、托马斯（S. Thomas）于 2021 年提出几种低同步（LS，low-sync）算法。例如，将重

正交化和延迟技术结合，斯沃多维奇等人推导出只有一个同步点的 CGS2 算法，记作 LS-CGS2。

算法 4.5　LS-CGS2

$\boldsymbol{u}=\boldsymbol{a}_1$

for $j=2:n$

　if $j=2$ then

　　$(r_{j-1,j-1}^2,\psi)=\boldsymbol{u}^{\mathrm{T}}(\boldsymbol{u},\boldsymbol{a}_j)$

　else if $j>2$ then

　　$\begin{pmatrix}\boldsymbol{w} & \boldsymbol{z}\\ \omega & \theta\end{pmatrix}=(\boldsymbol{Q}_{:,1:j-2},\boldsymbol{u})^{\mathrm{T}}(\boldsymbol{u},\boldsymbol{a}_j)$

　　$(r_{j-1,j-1}^2,\psi)=(\omega,\theta)-\boldsymbol{w}^{\mathrm{T}}(\boldsymbol{w},\boldsymbol{z})$

　end

　$r_{j-1,j}=\psi/r_{j-1,j-1}$

　if $j=2$ then

　　$q_{j-1}=\boldsymbol{u}/r_{j-1,j-1}$

　else if $j>2$ then

　　$\boldsymbol{R}_{1:j-2,j-1}=R_{1:j-2,j-1}+\boldsymbol{w}$

　　$\boldsymbol{R}_{1:j-2,j}=\boldsymbol{z}$

　　$\boldsymbol{q}_{j-1}=(\boldsymbol{u}-\boldsymbol{Q}_{:,1:j-2}\boldsymbol{w})/r_{j-1,j-1}$

　end

　　$\boldsymbol{u}=\boldsymbol{a}_j-\boldsymbol{Q}_{:,1:j-1}\boldsymbol{R}_{1:j-1,j}$

end

$\begin{pmatrix}\boldsymbol{w}\\ \omega\end{pmatrix}=(\boldsymbol{Q}_{:,1:n-1},\boldsymbol{u})^{\mathrm{T}}\boldsymbol{u}$

$r_{n,n}^2=\omega-\boldsymbol{w}^{\mathrm{T}}\boldsymbol{w}$

$\boldsymbol{R}_{1:n-1,n}=\boldsymbol{R}_{1:n-1,n}+\boldsymbol{w}$

$\boldsymbol{q}_n=(\boldsymbol{u}-\boldsymbol{Q}_{:,1:n-1}\boldsymbol{w})/r_{n,n}$

LS-CGS2 面向的是并行环境，因此在形式上与前文介绍的格拉姆-施密特算法区别较大。大规模并行计算的通信开销远大于计算开销，而数据同步会令并行算法陷入阻塞状态，直到所有进程计算到该点后才能继续执行。算法 3.2 计算一列需要 3 次同步；算法 4.5 利用延迟技术，将所有内积运算放在一起，使得每列仅需 1 次同步。详见斯沃多维奇等人的文章，或参阅卡森（E. Carson）、兰德（K. Lund）、罗兹洛兹尼克（M. Rozloznik）、托马斯于 2022 年发表的综述文章。

除 LS-CGS2 以外，斯沃多维奇等人还提出了几种低同步 MGS 算法。基于低同步正交化过程，可构建相应的低同步 GMRES 算法。这些低同步算法的误差分析尚不完善，这里不再详细介绍。传统算法中，HH-GMRES 的稳定性于 1995 年得到证明；MGS-GMRES 长期缺少严格的舍入误差分析，直到 2006 年其稳定性才得到证明。虽然在实验中观察到基于 MGS 的极小残差法是数值稳定的，但在得到证明之前，正交化过程往往采用更稳定的豪斯霍尔德变换来实现。

4.3 MGS-GMRES 的误差分析

2006 年，佩奇、罗兹洛兹尼克和斯特拉克斯（Z. Strakos）在一篇文章（简记为 PRS06）中证明了 MGS-GMRES 的数值稳定性，致谢中指出该文章是三人长期合作的一个令人满意的结果。PRS06 中 MGS-GMRES 的误差分析过程非常复杂。由算法 4.3 可以看出，误差分析需要考虑 MGS、吉文斯旋转、上三角系统求解等过程；由定理 2.10 可知，MGS 输出矩阵的正交性达不到机器精度，因此也要考虑该因素对 MGS-GMRES 稳定性的影响。本节首先分析上三角系统求解和吉文斯旋转的舍入误差，从而得到式（4.12）的稳定性结论；然后分析 MGS 求解最小二乘问题的舍入误差；最后给出 MGS-GMRES 求解线性方程组的稳定性结论。

4.3.1 上三角矩阵与回代法

算法 4.3 最后需要求解上三角线性方程组，该过程的误差分析对 MGS-GMRES 来说是必不可少的。令 $\boldsymbol{U}\in\mathbb{R}^{k\times k}$ 为非奇异上三角阵，令 $\boldsymbol{t}\in\mathbb{R}^{k}$ 为右端向量。待求解方程组如下所示：

$$\boldsymbol{U}\boldsymbol{y}=\boldsymbol{t}。\tag{4.13}$$

求解过程从最后一行开始，将每次求得的未知元素替换到上一行，求出新的元素，依次进行。上三角阵往往出现在消去法的中间步骤。例如，当用消去法求解式(4.1)时，首先用消元过程将其化为上三角系统〔式(4.13)〕，然后用回代法(back substitution)求解。下面给出回代算法及其误差分析。

算法 4.6　回代法

for $i=k:1$

　$\boldsymbol{s}=\boldsymbol{t}_i$

　for $j=i+1:k$

　　$\boldsymbol{s}=\boldsymbol{s}-u_{i,j}\boldsymbol{y}_j$

　end

　$\boldsymbol{y}_i=\boldsymbol{s}/u_{i,i}$

end

定理 4.3　若用回代法求解 $\boldsymbol{U}\boldsymbol{y}=\boldsymbol{t}$，其中 $\boldsymbol{U}\in\mathbb{R}^{k\times k}$ 为非奇异上三角阵，则

$$(\boldsymbol{U}+\Delta\boldsymbol{U})\hat{\boldsymbol{y}}=\boldsymbol{t},\quad |\Delta\boldsymbol{U}|\leqslant\gamma_k|\boldsymbol{U}|, \tag{4.14}$$

其中 $\Delta\boldsymbol{U}$ 为上三角矩阵。

证明：观察第 i 行，可知

$$\hat{\boldsymbol{y}}_i=\mathrm{fl}\left(\frac{\boldsymbol{t}_i-\sum_{j=i+1}^{k}u_{i,j}\hat{\boldsymbol{y}}_j}{u_{i,i}}\right)。$$

这里沿用式(1.8)的记号。按照算法 4.6 的计算次序，观察

$$\hat{\boldsymbol{y}}_k=\frac{\boldsymbol{t}_k}{u_{k,k}(1+\delta)},\quad \hat{\boldsymbol{y}}_{k-1}(1+\delta_2)=\frac{(\boldsymbol{t}_{k-1}-u_{k-1,k}\hat{\boldsymbol{y}}_k(1+\delta_0))(1+\delta_1)}{u_{k-1,k-1}},$$

于是有

$$u_{k,k}\hat{\boldsymbol{y}}_k(1+\theta_1)=\boldsymbol{t}_k,\quad u_{k-1,k-1}\hat{\boldsymbol{y}}_{k-1}(1+\theta_2)=\boldsymbol{t}_{k-1}-u_{k-1,k}\hat{\boldsymbol{y}}_k(1+\theta_1)。$$

由此可知

$$\hat{\boldsymbol{y}}_i=\frac{\boldsymbol{t}_i(1+\delta_1)\cdots(1+\delta_{k-i})-\sum_{j=i+1}^{k}u_{i,j}\hat{\boldsymbol{y}}_j(1+\delta_0)(1+\delta_1)\cdots(1+\delta_{k-j+1})}{u_{i,i}(1+\delta_{k-i+1})},$$

将分母挪到左边，然后两边同时除以$(1+\delta_1)\cdots(1+\delta_{k-i})$，可得

$$u_{i,i}\hat{\boldsymbol{y}}_i(1+\theta_{k-i+1})=\boldsymbol{t}_i-\sum_{j=i+1}^{k}u_{i,j}\hat{\boldsymbol{y}}_j(1+\theta_{j-i})。$$

故

$$u_{i,i}\hat{\boldsymbol{y}}_i(1+\theta_{k-i+1})+\sum_{j=i+1}^{k}u_{i,j}\hat{\boldsymbol{y}}_j(1+\theta_{j-i})=(1+\theta_k)\sum_{j=i}^{k}u_{i,j}\hat{\boldsymbol{y}}_j=\boldsymbol{t}_i。$$

于是有$(1+\theta_k)\boldsymbol{U}\hat{\mathbf{y}}=\boldsymbol{t}$，$|\theta_k|\leqslant\gamma_k$。令 $\Delta\boldsymbol{U}=\theta_k\boldsymbol{U}$，从而定理得证。

可以看到式(4.14)的误差限并非最优，但足以用来分析 MGS-GMRES 的稳定性。如海厄姆的著作 High02 所述，误差限往往依赖于浮点运算顺序。定理 4.3 的证明利用了算法 4.6 的运算顺序，但实际上对任意计算顺序，回代法都有式(4.14)的误差限，详见海厄姆的著作 High02。

4.3.2 吉文斯旋转

极小残差法满足式(4.11)和式(4.12)。其中最小二乘问题的求解需要将上海森伯格矩阵转化成上三角矩阵，然后才能使用回代法求解。转化过程需要依次消除次对角线上的元素。第 1 章介绍了 3 种常用的 QR 分解方法，分别是格拉姆-施密特过程、豪斯霍尔德变换、吉文斯旋转；第 2 章分析了前两者的舍入误差，结论是两者都是后向稳定的，但豪斯霍尔德变换的正交损失能达到机器精度，格拉姆-施密特过程则不能，除非做两次正交投影，见第 3 章。吉文斯旋转可用来将海森伯格矩阵三角化。

如第 1 章所述，吉文斯旋转定义如下：

$$\boldsymbol{G}_{k,l}=\begin{pmatrix}1&\cdots&0&\cdots&0&\cdots&0\\\vdots&\ddots&\vdots&&\vdots&&\vdots\\0&\cdots&c&\cdots&s&\cdots&0\\\vdots&&\vdots&\ddots&\vdots&&\vdots\\0&\cdots&-s&\cdots&c&\cdots&0\\\vdots&&\vdots&&\vdots&\ddots&\vdots\\0&\cdots&0&\cdots&0&\cdots&1\end{pmatrix},$$

其中单位矩阵的(k,k)、(k,l)、(l,k)、(l,l)4 个位置被分别替换成 c、s、$-s$、c。给定矩阵 $\mathbf{A}\in\mathbb{R}^{m\times n}$，其中 $m\geqslant n$。对 $\mathbf{A}$ 的第 j 列，取

$$c=\frac{a_{k,j}}{\sqrt{a_{k,j}^2+a_{l,j}^2}},\quad s=\frac{a_{l,j}}{\sqrt{a_{k,j}^2+a_{l,j}^2}},$$

则有

$$G_{k,l}\boldsymbol{a}_j=\boldsymbol{G}_{k,l}\begin{pmatrix}a_{1,j}\\ \vdots\\ a_{k,j}\\ \vdots\\ a_{l,j}\\ \vdots\\ a_{m,j}\end{pmatrix}=\begin{pmatrix}a_{1,j}\\ \vdots\\ ca_{k,j}+sa_{l,j}\\ \vdots\\ -sa_{k,j}+ca_{l,j}\\ \vdots\\ a_{m,j}\end{pmatrix}=\begin{pmatrix}a_{1,j}\\ \vdots\\ \sqrt{a_{k,j}^2+a_{l,j}^2}\\ \vdots\\ 0\\ \vdots\\ a_{m,j}\end{pmatrix},$$

因此吉文斯旋转能够消去指定元素。若用吉文斯旋转由左至右-由下至上地消去对角线下方元素，则最终可得到上三角矩阵。消去过程展示如下

$$\boldsymbol{A}=\begin{pmatrix}\times&\times\\ \times&\times\\ \times&\times\end{pmatrix}\xrightarrow{\boldsymbol{G}_{2,3}}\begin{pmatrix}\times&\times\\ \times&\times\\ 0&\times\end{pmatrix}\xrightarrow{\boldsymbol{G}_{1,2}}\begin{pmatrix}\times&\times\\ 0&\times\\ 0&\times\end{pmatrix}\xrightarrow{\boldsymbol{G}'_{2,3}}\begin{pmatrix}\times&\times\\ 0&\times\\ 0&0\end{pmatrix}。$$

按照上述步骤进行变换，可给出吉文斯 QR 分解过程的稳定性结论。由于分析过程与豪斯霍尔德方法类似，这里只对主要步骤进行说明，不再重复细节。详见定理 2.8 及相关引理的证明过程。

定理 4.4　给定 $\boldsymbol{A}\in\mathbb{R}^{m\times n}$，其中 $m\geqslant n$。若用吉文斯旋转计算 $\boldsymbol{A}=\boldsymbol{QR}$，其中 $\boldsymbol{Q}\in\mathbb{R}^{m\times m}$ 为正交矩阵，$\boldsymbol{R}\in\mathbb{R}^{m\times n}$ 对角线下方为零，则存在正交矩阵 $\widetilde{\boldsymbol{Q}}\in\mathbb{R}^{m\times m}$，使得

$$\boldsymbol{A}+\Delta\boldsymbol{A}=\widetilde{\boldsymbol{Q}}\hat{\boldsymbol{R}},\quad \|\Delta\boldsymbol{a}_j\|\leqslant\widetilde{\gamma}_m\|\boldsymbol{a}_j\|。\tag{4.15}$$

证明：与豪斯霍尔德方法类似，吉文斯 QR 分解可分为 3 个步骤进行分析，分别是吉文斯矩阵构建、矩阵-向量乘法、上三角化。首先，构建吉文斯矩阵只需要构建 c 和 s。将吉文斯矩阵记作 $\boldsymbol{G}$，在有限精度下，易知

$$\hat{c}=c(1+\theta_4),\quad \hat{s}=s(1+\theta_4)。$$

下一步，计算 $\boldsymbol{y}=\hat{\boldsymbol{G}}_{k,l}\boldsymbol{x}$。只有第 k 个和第 l 个元素发生变化，其他元素不变，则

$$\hat{\boldsymbol{y}}_k=\mathrm{fl}(\hat{c}\boldsymbol{x}_k+\hat{s}\boldsymbol{x}_l)=c\boldsymbol{x}_k(1+\theta_6)+s\boldsymbol{x}_l(1+\theta_6),$$

$$\hat{\boldsymbol{y}}_l=\mathrm{fl}(-\hat{s}\boldsymbol{x}_k+\hat{c}\boldsymbol{x}_l)=-s\boldsymbol{x}_k(1+\theta_6)+c\boldsymbol{x}_l(1+\theta_6),$$

故

$$\hat{\boldsymbol{y}}=(\boldsymbol{G}_{k,l}+\Delta\boldsymbol{G}_{k,l})\boldsymbol{x},\quad \|\Delta\boldsymbol{G}_{k,l}\|_{\mathrm{F}}\leqslant\|\boldsymbol{G}_{k,l}\|_{\mathrm{F}}\gamma_6\leqslant\sqrt{2}\gamma_6。$$

因此，若用吉文斯矩阵 $\boldsymbol{G}^{(i)}$ 左乘 $\hat{\boldsymbol{A}}^{(i)}$，可得

$$\hat{\boldsymbol{A}}^{(i+1)}=(\boldsymbol{G}^{(i)}+\Delta\boldsymbol{G}^{(i)})\hat{\boldsymbol{A}}^{(i)},\quad \|\Delta\boldsymbol{G}^{(i)}\|_{\mathrm{F}}\leqslant\sqrt{2}\gamma_6。$$

注意到 $\Delta\boldsymbol{G}^{(i)}$ 只有两行不为零，令 $\hat{\boldsymbol{A}}^{(1)}=\boldsymbol{A}$，则有

$$\hat{\boldsymbol{A}}^{(i+1)}=(\boldsymbol{G}^{(i)}+\Delta\boldsymbol{G}^{(i)})\cdots(\boldsymbol{G}^{(1)}+\Delta\boldsymbol{G}^{(1)})\boldsymbol{A}。$$

于是由引理 2.7 可得

$$\hat{\boldsymbol{A}}^{(i+1)}=\tilde{\boldsymbol{G}}^{(i)}(\boldsymbol{A}+\Delta\boldsymbol{A}),\quad \|\Delta\boldsymbol{a}_j\|\leqslant\tilde{\gamma}_i\|\boldsymbol{a}_j\|,$$

其中 $\tilde{\boldsymbol{G}}^{(i)}=\boldsymbol{G}^{(i)}\cdots\boldsymbol{G}^{(1)}$。最后，注意到吉文斯旋转的误差积累次数要比矩阵乘法的次数少。例如，经过 i 次变换，但每次变换只有两行受到影响，因此只有相互依赖的吉文斯变换才会积累误差。假设完整的吉文斯 QR 分解需要经过 r 次变换，则误差限为 $\mathcal{O}(m)\epsilon_{\mathrm{u}}$，详见海厄姆的著作 High02。于是有

$$\hat{\boldsymbol{R}}=\tilde{\boldsymbol{G}}^{(r)}(\boldsymbol{A}+\Delta\boldsymbol{A}),\quad \|\Delta\boldsymbol{a}_j\|\leqslant\tilde{\gamma}_m\|\boldsymbol{a}_j\|。$$

令 $\tilde{\boldsymbol{Q}}^{\mathrm{T}}=\tilde{\boldsymbol{G}}^{(r)}$ 即可得到式(4.15)。证毕。

由上述证明可看出，吉文斯 QR 分解有不同的变换顺序。若所变换的行和列都不同，则相应的吉文斯旋转是可交换的。在分析时可将没有依赖关系的变换放在一起。对于 $m\times n$ 且 $m\geqslant n$ 的矩阵，上三角化至多需要 $mn-(n+1)n/2$ 次变换。然而对于舍入误差来说，只有相互依赖的变换才会有积累，因此式(4.15)中误差限的角标小于实际变换的次数。

4.3.3 最小二乘问题

从本小节开始分析 MGS-GMRES。假设 $\boldsymbol{x}_0=\boldsymbol{0}$，即 $\boldsymbol{r}_0=\boldsymbol{b}-\boldsymbol{A}\boldsymbol{x}_0=\boldsymbol{b}$，以下分析结论同样适用于 $\boldsymbol{x}_0$ 不为零的情况。首先考虑式(4.12)，也就是给定 $\boldsymbol{b}\in\mathbb{R}^n$，$\boldsymbol{C}_k\in\mathbb{R}^{n\times k}$，求解最小二乘问题：

$$\boldsymbol{y}_k=\arg\min_{\boldsymbol{y}}\|\boldsymbol{b}-\boldsymbol{C}_k\boldsymbol{y}\|。\tag{4.16}$$

如 PRS06 所述，MGS-GMRES 误差分析的一个重点是将 $\boldsymbol{b}$ 和 $\boldsymbol{A}\boldsymbol{V}_k$ 看成整体，也就

是用 MGS 分解$(\boldsymbol{b},\boldsymbol{AV}_k)$。首先只考虑式(4.16)，不关心 $\boldsymbol{C}_k$ 的计算过程。因此令 $\boldsymbol{C}_k=\boldsymbol{AV}_k$，将 $\boldsymbol{C}_k$ 看成输入数据。

最小二乘问题可用 MGS 求解，求解过程一般对增广矩阵$(\boldsymbol{C}_k,\boldsymbol{b})$进行分解，然后求解上三角系统，并得到残差。这样做的好处是可以避免正交损失带来的危害，因此 MGS 求解最小二乘问题是后向稳定的。详见比约克和佩奇在 BP92 中的分析。对于 MGS-GMRES 来说，Arnoldi 过程会将式(4.16)化为

$$\boldsymbol{y}_k=\arg\min_{\boldsymbol{y}}\|\beta\boldsymbol{e}_1-\bar{\boldsymbol{H}}_k\boldsymbol{y}\|, \tag{4.17}$$

然后再做吉文斯旋转即可。将 $\boldsymbol{B}_{k+1}=(\boldsymbol{b},\boldsymbol{C}_k)$看成整体，然后用 MGS 将 $\boldsymbol{B}_{k+1}$ 上三角化，得到 $\boldsymbol{R}_{k+1}=(\beta\boldsymbol{e}_1,\bar{\boldsymbol{H}}_k)$。这样既能还原 Arnoldi 过程，又便于分析。注意到 $\boldsymbol{B}_{k+1}$ 与常用增广矩阵$(\boldsymbol{C}_k,\boldsymbol{b})$不同，因此不能直接使用比约克和佩奇的结论。

定理 4.5　若用 MGS 求解最小二乘问题〔式(4.16)〕，且式(4.16)需要先转化为式(4.17)再求解，则

$$\begin{gathered}\hat{\boldsymbol{y}}_k=\arg\min_{\boldsymbol{y}}\|\boldsymbol{b}+\Delta\boldsymbol{b}-(\boldsymbol{C}_k+\Delta\boldsymbol{C}_k)\boldsymbol{y}\|,\\ \|(\Delta\boldsymbol{b},\Delta\boldsymbol{C}_k)\boldsymbol{e}_j\|\leqslant\tilde{\gamma}_{nk}\|(\boldsymbol{b},\boldsymbol{C}_k)\boldsymbol{e}_j\|。\end{gathered} \tag{4.18}$$

证明：由定理 4.3 和定理 4.4 可知，回代过程可表示为

$$(\hat{\boldsymbol{U}}_k+\Delta\boldsymbol{U}_k)\hat{\boldsymbol{y}}_k=\hat{\boldsymbol{t}},\quad |\Delta\boldsymbol{U}_k|\leqslant\gamma_k|\hat{\boldsymbol{U}}_k|, \tag{4.19}$$

其中 $\hat{\boldsymbol{U}}_k+\Delta\boldsymbol{U}_k$ 相当于 k 次吉文斯旋转的输出上三角阵，$\hat{\boldsymbol{t}}$ 为 $\beta\boldsymbol{e}_1$ 经过 k 次变换后输出向量的前 k 行。根据定理 4.3 和定理 4.4，有

$$\hat{\boldsymbol{R}}_{k+1}+\Delta\boldsymbol{R}_{k+1}=\tilde{\boldsymbol{Q}}_{k+1}\begin{pmatrix}\hat{\boldsymbol{t}} & \hat{\boldsymbol{U}}_k+\Delta\boldsymbol{U}_k\\ \hat{\tau} & 0\end{pmatrix},\quad \|\Delta\boldsymbol{R}_{k+1}\boldsymbol{e}_j\|\leqslant\tilde{\gamma}_k\|\hat{\boldsymbol{R}}_{k+1}\boldsymbol{e}_j\|, \tag{4.20}$$

其中 $\tilde{\boldsymbol{Q}}_{k+1}\in\mathbb{R}^{(k+1)\times(k+1)}$ 为正交矩阵，$\hat{\boldsymbol{R}}_{k+1}+\Delta\boldsymbol{R}_{k+1}$ 相当于 Arnoldi 过程的输出结果。将式(4.14)和式(4.15)结合容易得到式(4.20)的误差限。因此，最小二乘问题的解 $\hat{\boldsymbol{y}}_k$ 可记作

$$\hat{\boldsymbol{y}}_k=\arg\min_{\boldsymbol{y}}\|(\hat{\boldsymbol{R}}_{k+1}+\Delta\boldsymbol{R}_{k+1})\begin{pmatrix}1\\-\boldsymbol{y}\end{pmatrix}\|。$$

令 $\hat{\boldsymbol{B}}_{k+1}=(\boldsymbol{b},\boldsymbol{C}_k)$。如前所述，这里暂时将 $\boldsymbol{C}_k$ 看成整体。由定理 2.10 可知

$$\hat{\boldsymbol{B}}_{k+1}+\Delta\boldsymbol{B}'_{k+1}=\tilde{\boldsymbol{Q}}'_{k+1}\hat{\boldsymbol{R}}_{k+1},\quad \|\Delta\boldsymbol{B}'_{k+1}\boldsymbol{e}_j\|\leqslant\tilde{\gamma}_{nk}\|\hat{\boldsymbol{B}}_{k+1}\boldsymbol{e}_j\|, \tag{4.21}$$

其中 $\tilde{\boldsymbol{Q}}'_{k+1}$ 为正交矩阵。这里用到了豪斯霍尔德变换与 MGS 的等价关系。由引理 2.9 和定理 2.10 的证明可以得到式(4.21)的误差限。以式(4.20)的左端作为式(4.21)的上三角阵,则

$$\hat{\boldsymbol{B}}_{k+1}+\Delta\boldsymbol{B}_{k+1}=\tilde{\boldsymbol{Q}}'_{k+1}(\hat{\boldsymbol{R}}_{k+1}+\Delta\boldsymbol{R}_{k+1}),$$

其中

$$\|\Delta\boldsymbol{B}_{k+1}\boldsymbol{e}_j\|=\|(\Delta\boldsymbol{B}'_{k+1}+\tilde{\boldsymbol{Q}}'_{k+1}\Delta\boldsymbol{R}_{k+1})\boldsymbol{e}_j\|\leqslant\tilde{\gamma}_{nk}\|\hat{\boldsymbol{B}}_{k+1}\boldsymbol{e}_j\|。$$

令 $\Delta\boldsymbol{B}_{k+1}=(\Delta\boldsymbol{b},\Delta\boldsymbol{C}_k)$,于是有

$$\begin{aligned}\hat{\boldsymbol{y}}_k&=\arg\min_{\boldsymbol{y}}\left\|(\hat{\boldsymbol{B}}_{k+1}+\Delta\boldsymbol{B}_{k+1})\begin{pmatrix}1\\-\boldsymbol{y}\end{pmatrix}\right\|=\arg\min_{\boldsymbol{y}}\left\|(\boldsymbol{b}+\Delta\boldsymbol{b},\boldsymbol{C}_k+\Delta\boldsymbol{C}_k)\begin{pmatrix}1\\-\boldsymbol{y}\end{pmatrix}\right\|\\&=\arg\min_{\boldsymbol{y}}\|\boldsymbol{b}+\Delta\boldsymbol{b}-(\boldsymbol{C}_k+\Delta\boldsymbol{C}_k)\boldsymbol{y}\|,\end{aligned}$$

其中 $\Delta\boldsymbol{b}$ 和 $\Delta\boldsymbol{C}_k$ 满足式(4.18)。证毕。

值得一提的是,PRS06 给出一个巧妙的引理:对于

$$\left\|\begin{pmatrix}\boldsymbol{0}\\\hat{\boldsymbol{B}}_{k+1}+\Delta\boldsymbol{B}_{k+1}\end{pmatrix}\begin{pmatrix}1\\-\boldsymbol{y}\end{pmatrix}\right\|=\left\|\begin{pmatrix}0\\\boldsymbol{b}-\boldsymbol{C}_k\boldsymbol{y}\end{pmatrix}+\Delta\bar{\boldsymbol{B}}_{k+1}\begin{pmatrix}1\\-\boldsymbol{y}\end{pmatrix}\right\|,$$

其中 $\Delta\bar{\boldsymbol{B}}_{k+1}\in\mathbb{R}^{(n+k+1)\times(k+1)}$,存在矩阵 $\boldsymbol{N}\in\mathbb{R}^{n\times(n+k+1)}$ 且 $1\leqslant\|\boldsymbol{N}\|\leqslant\sqrt{2}$,使得

$$\left\|\begin{pmatrix}0\\\boldsymbol{b}-\boldsymbol{C}_k\boldsymbol{y}\end{pmatrix}+\Delta\bar{\boldsymbol{B}}_{k+1}\begin{pmatrix}1\\-\boldsymbol{y}\end{pmatrix}\right\|=\left\|\boldsymbol{b}-\boldsymbol{C}_k\boldsymbol{y}+\boldsymbol{N}\Delta\bar{\boldsymbol{B}}_{k+1}\begin{pmatrix}1\\-\boldsymbol{y}\end{pmatrix}\right\|。$$

而豪斯霍尔德方法和 MGS 有定理 2.1 描述的等价关系。令 $\boldsymbol{N}\Delta\bar{\boldsymbol{B}}_{k+1}=(\Delta\boldsymbol{b},\Delta\boldsymbol{C}_k)$,于是无须借助定理 2.10,可直接由定理 2.8 得到定理 4.5 的结论。

定理 4.5 表明,当以式(4.17)的形式求解最小二乘问题〔式(4.16)〕时,MGS 是后向稳定的。更进一步,由式(4.19)和式(4.20)可得

$$(\hat{\boldsymbol{R}}_{k+1}+\Delta\boldsymbol{R}_{k+1})\begin{pmatrix}1\\-\hat{\boldsymbol{y}}_k\end{pmatrix}=\tilde{\boldsymbol{Q}}_{k+1}\begin{pmatrix}\hat{\boldsymbol{t}}&\hat{\boldsymbol{U}}_k+\Delta\boldsymbol{U}_k\\\hat{\tau}&0\end{pmatrix}\begin{pmatrix}1\\-\hat{\boldsymbol{y}}_k\end{pmatrix}=\tilde{\boldsymbol{Q}}_{k+1}\begin{pmatrix}0\\\hat{\tau}\end{pmatrix}。$$

而残差向量可表示为 $\hat{\boldsymbol{r}}_k=\boldsymbol{b}-\boldsymbol{C}_k\hat{\boldsymbol{y}}_k$,进而有

$$|\hat{\tau}|=\left\|(\hat{\boldsymbol{R}}_{k+1}+\Delta\boldsymbol{R}_{k+1})\begin{pmatrix}1\\-\hat{\boldsymbol{y}}_k\end{pmatrix}\right\|=\left\|(\hat{\boldsymbol{B}}_{k+1}+\Delta\boldsymbol{B}_{k+1})\begin{pmatrix}1\\-\hat{\boldsymbol{y}}_k\end{pmatrix}\right\|$$

$$=\|\boldsymbol{b}+\Delta\boldsymbol{b}-(\boldsymbol{C}_k+\Delta\boldsymbol{C}_k)\hat{\boldsymbol{y}}_k\|=\|\hat{\boldsymbol{r}}_k+\Delta\boldsymbol{b}-\Delta\boldsymbol{C}_k\hat{\boldsymbol{y}}_k\|。$$

故

$$|\|\hat{\boldsymbol{r}}_k\|-|\hat{\tau}||\leqslant\|\Delta\boldsymbol{b}-\Delta\boldsymbol{C}_k\hat{\boldsymbol{y}}_k\|\leqslant\|\Delta\boldsymbol{b}\|+\|\Delta\boldsymbol{C}_k\|_{\mathrm{F}}\|\hat{\boldsymbol{y}}_k\|$$

$$\leqslant\tilde{\gamma}_{nk}(\|\boldsymbol{b}\|+\|\boldsymbol{C}_k\|_{\mathrm{F}}\|\hat{\boldsymbol{y}}_k\|)。$$

也就是说，经过 k 次吉文斯旋转后，所得残差 $\hat{\tau}$ 与真实残差 $\|\boldsymbol{b}-\boldsymbol{C}_k\hat{\boldsymbol{y}}_k\|$ 的相对误差很小。

下面考虑 $\boldsymbol{C}_k=\boldsymbol{A}\boldsymbol{V}_k$。令 $\boldsymbol{B}_{k+1}=(\boldsymbol{b},\boldsymbol{A}\boldsymbol{V}_k)$，$\boldsymbol{v}_1=\boldsymbol{b}/\|\boldsymbol{b}\|$。MGS-GMRES 依赖于 Arnoldi 过程，满足式(4.11)，即 $\boldsymbol{A}\boldsymbol{V}_k=\boldsymbol{V}_{k+1}\bar{\boldsymbol{H}}_k$。于是式(4.12)成立，即

$$\boldsymbol{y}_k=\arg\min_{\boldsymbol{y}}\|\boldsymbol{b}-\boldsymbol{A}\boldsymbol{V}_k\boldsymbol{y}\|=\arg\min_{\boldsymbol{y}}\|\beta\boldsymbol{e}_1-\bar{\boldsymbol{H}}_k\boldsymbol{y}\|。$$

最后的更新过程为 $\boldsymbol{x}_k=\boldsymbol{V}_k\boldsymbol{y}_k$。这里假设 $\boldsymbol{x}_0=\boldsymbol{0}$，后文的分析同样适用于 $\boldsymbol{x}_0\neq\boldsymbol{0}$ 的情况。Arnoldi 过程不断产生新的基向量和海森伯格矩阵的列向量。与前文相同，为便于分析，将 Arnoldi 过程看成对 $\boldsymbol{B}_{k+1}$ 做 QR 分解，原始算法的第 j 步就是 QR 分解的第 $j+1$ 步。于是有

$$\|\boldsymbol{b}-\boldsymbol{A}\boldsymbol{V}_k\boldsymbol{y}_k\|=\left\|(\boldsymbol{b},\boldsymbol{A}\boldsymbol{V}_k)\begin{pmatrix}1\\-\boldsymbol{y}_k\end{pmatrix}\right\|=\left\|\boldsymbol{R}_{k+1}\begin{pmatrix}1\\-\boldsymbol{y}_k\end{pmatrix}\right\|=\left\|(\beta\boldsymbol{e}_1,\bar{\boldsymbol{H}}_k)\begin{pmatrix}1\\-\boldsymbol{y}_k\end{pmatrix}\right\|,$$

其中 $\boldsymbol{R}_{k+1}\in\mathbb{R}^{(k+1)\times(k+1)}$。

令 $\tilde{\boldsymbol{V}}_k$ 为归一化的基向量，即 $\tilde{\boldsymbol{v}}_j=\hat{\boldsymbol{v}}_j/\|\hat{\boldsymbol{v}}_j\|$。值得注意的是，$\hat{\boldsymbol{V}}_k$ 和 $\tilde{\boldsymbol{V}}_k$ 的列向量都不是正交的，而 $\tilde{\boldsymbol{V}}_k$ 进行了归一化，因此具有更好的特性。$\|\hat{\boldsymbol{v}}_j\|$ 的误差仅由归一化过程产生，满足 $\|\hat{\boldsymbol{v}}_j\|\in[1-\tilde{\gamma}_n,1+\tilde{\gamma}_n]$，即

$$\hat{\boldsymbol{V}}_k=\tilde{\boldsymbol{V}}_k+\Delta\boldsymbol{V}_k,\quad\|\Delta\boldsymbol{v}_j\|\leqslant\tilde{\gamma}_n\|\tilde{\boldsymbol{v}}_j\|=\tilde{\gamma}_n。\tag{4.22}$$

令 $\tilde{\boldsymbol{W}}_k=\boldsymbol{A}\tilde{\boldsymbol{V}}_k$，则

$$\hat{\boldsymbol{C}}_k=\mathrm{fl}(\boldsymbol{A}\hat{\boldsymbol{V}}_k)=(\boldsymbol{A}+\Delta\boldsymbol{A})(\tilde{\boldsymbol{V}}_k+\Delta\boldsymbol{V}_k)=\tilde{\boldsymbol{W}}_k+\Delta\boldsymbol{W}_k,$$

其中

$$\|\Delta\boldsymbol{W}_k\|_{\mathrm{F}}=\|\Delta\boldsymbol{A}\tilde{\boldsymbol{V}}_k+\boldsymbol{A}\Delta\boldsymbol{V}_k+\Delta\boldsymbol{A}\Delta\boldsymbol{V}_k\|_{\mathrm{F}}\leqslant\tilde{\gamma}_n\|\boldsymbol{A}\|_{\mathrm{F}}\|\tilde{\boldsymbol{V}}_k\|_{\mathrm{F}}=\sqrt{k}\tilde{\gamma}_n\|\boldsymbol{A}\|_{\mathrm{F}}。$$

这里矩阵乘法的后向误差容易得到，故不再详述。于是有

$$\hat{\boldsymbol{B}}_{k+1}=(\boldsymbol{b},\hat{\boldsymbol{C}}_k)=(\boldsymbol{b},\boldsymbol{A}\tilde{\boldsymbol{V}}_k+\Delta\boldsymbol{W}_k)=(\boldsymbol{b},\tilde{\boldsymbol{W}}_k+\Delta\boldsymbol{W}_k)。$$

然后，根据式(4.18)，有

$$\hat{\boldsymbol{y}}_k = \arg\min_{\boldsymbol{y}} \| \boldsymbol{b} + \Delta \boldsymbol{b} - (\widetilde{\boldsymbol{W}}_k + \Delta \boldsymbol{W}_k + \Delta \boldsymbol{C}_k) \boldsymbol{y} \| \tag{4.23}$$

成立，其中

$$\| \Delta \boldsymbol{b} \| \leqslant \widetilde{\gamma}_{nk} \| \boldsymbol{b} \|,$$

$$\| \Delta \boldsymbol{W}_k + \Delta \boldsymbol{C}_k \|_F \leqslant \sqrt{k} \widetilde{\gamma}_n \| \boldsymbol{A} \|_F + \widetilde{\gamma}_{nk} \| \boldsymbol{A} \widetilde{\boldsymbol{V}}_k + \Delta \boldsymbol{W}_k \|_F \leqslant \widetilde{\gamma}_{nk} \| \boldsymbol{A} \|_F。$$

4.3.4 线性方程组求解

下面将最小二乘问题看作线性方程组求解的中间步骤。由 $\boldsymbol{x}_k = \boldsymbol{V}_k \boldsymbol{y}_k$ 可知，首先要讨论 $\boldsymbol{V}_k \boldsymbol{y}_k$ 在有限精度下的误差，然后借助 $\boldsymbol{V}_k \boldsymbol{y}_k$ 的误差结论分析 MGS-GMRES 的稳定性。讨论过程可分为以下 3 步：

① $\boldsymbol{V}_k$ 在有限精度下的正交损失；

② 残差上限；

③ MGS-GMRES 的后向误差。

如 PRS06 所述，MGS-GMRES 的误差分析绝非易事。首先要引入一个重要概念。令 $\mathscr{D}$ 为对角元为正的对角方阵的集合，定义

$$\widetilde{\kappa}_F(\boldsymbol{B}) = \min_{D \in \mathscr{D}} \frac{\| \boldsymbol{B} \boldsymbol{D} \|_F}{\sigma_{\min}(\boldsymbol{B} \boldsymbol{D})}。 \tag{4.24}$$

借助 $\widetilde{\kappa}_F$ 可给出所需的正交损失限。

为方便叙述，令 l 为 QR 分解中列向量的个数。对于 MGS-GMRES 来说，l 不超过最大迭代次数。回顾式(2.21)。若豪斯霍尔德过程运算结果如下

$$\begin{pmatrix} \boldsymbol{0} \\ \hat{\boldsymbol{B}}_l \end{pmatrix} + \Delta \bar{\boldsymbol{B}}_l = \boldsymbol{P} \begin{pmatrix} \hat{\boldsymbol{R}}_l \\ \boldsymbol{0} \end{pmatrix}, \quad \| \Delta \bar{\boldsymbol{B}}_l \boldsymbol{e}_j \| \leqslant \widetilde{\gamma}_{nl} \| \hat{\boldsymbol{B}}_l \boldsymbol{e}_j \|, \tag{4.25}$$

则

$$\boldsymbol{P} = \begin{pmatrix} \boldsymbol{P}_{11} & (\boldsymbol{I} - \boldsymbol{P}_{11}) \widetilde{\boldsymbol{V}}_l^{\mathrm{T}} \\ \widetilde{\boldsymbol{V}}_l (\boldsymbol{I} - \boldsymbol{P}_{11}) & \boldsymbol{I} - \widetilde{\boldsymbol{V}}_l (\boldsymbol{I} - \boldsymbol{P}_{11}) \widetilde{\boldsymbol{V}}_l^{\mathrm{T}} \end{pmatrix}, \tag{4.26}$$

其中 $\boldsymbol{P}_{11} \in \mathbb{R}^{l \times l}$ 是严格的上三角矩阵，$\widetilde{\boldsymbol{V}}_l$ 是 MGS 计算结果的归一化形式。该结果体现了豪斯霍尔德变换与 MGS 的紧密联系，详见比约克和佩奇在 BP92 中的推导

过程。由 $\boldsymbol{P}\boldsymbol{P}^{\mathrm{T}}=\boldsymbol{I}$ 可得

$$\boldsymbol{P}_{11}\boldsymbol{P}_{11}^{\mathrm{T}}+(\boldsymbol{I}-\boldsymbol{P}_{11})\widetilde{\boldsymbol{V}}_l^{\mathrm{T}}\widetilde{\boldsymbol{V}}_l(\boldsymbol{I}-\boldsymbol{P}_{11})^{\mathrm{T}}=\boldsymbol{I}。\tag{4.27}$$

故

$$\begin{aligned}\boldsymbol{I}-\boldsymbol{P}_{11}\boldsymbol{P}_{11}^{\mathrm{T}}&=(\boldsymbol{I}-\boldsymbol{P}_{11})(\boldsymbol{I}-\boldsymbol{P}_{11}^{\mathrm{T}})-2\boldsymbol{P}_{11}\boldsymbol{P}_{11}^{\mathrm{T}}+\boldsymbol{P}_{11}+\boldsymbol{P}_{11}^{\mathrm{T}}\\&=(\boldsymbol{I}-\boldsymbol{P}_{11})(\boldsymbol{I}-\boldsymbol{P}_{11})^{\mathrm{T}}+\boldsymbol{P}_{11}(\boldsymbol{I}-\boldsymbol{P}_{11})^{\mathrm{T}}+(\boldsymbol{I}-\boldsymbol{P}_{11})\boldsymbol{P}_{11}^{\mathrm{T}}。\end{aligned}$$

由于 $\boldsymbol{P}_{11}$ 与 $\boldsymbol{I}-\boldsymbol{P}_{11}$ 在矩阵乘法运算中可交换，有

$$\widetilde{\boldsymbol{V}}_l^{\mathrm{T}}\widetilde{\boldsymbol{V}}_l=\boldsymbol{I}+(\boldsymbol{I}-\boldsymbol{P}_{11})^{-1}\boldsymbol{P}_{11}+\boldsymbol{P}_{11}^{\mathrm{T}}(\boldsymbol{I}-\boldsymbol{P}_{11})^{-\mathrm{T}}。\tag{4.28}$$

可以看到，式(4.28)将 $\widetilde{\boldsymbol{V}}_l^{\mathrm{T}}\widetilde{\boldsymbol{V}}_l$ 分为 3 个部分，其中$(\boldsymbol{I}-\boldsymbol{P}_{11})^{-1}\boldsymbol{P}_{11}$和 $\boldsymbol{P}_{11}^{\mathrm{T}}(\boldsymbol{I}-\boldsymbol{P}_{11})^{-\mathrm{T}}$分别表示对角线的上侧和下侧，且关于对角线是对称关系。由此看出，$\widetilde{\boldsymbol{V}}_l$ 的正交性与 $\boldsymbol{P}_{11}$ 有紧密联系。

引理 4.6　若$\widetilde{\gamma}_{nl}\widetilde{\kappa}_{\mathrm{F}}(\hat{\boldsymbol{B}}_l)\leqslant 1/8$，则 $\|\boldsymbol{P}_{11}\|_{\mathrm{F}}\leqslant 1/7$。

证明：假设$\widetilde{\gamma}_{nl}\widetilde{\kappa}_{\mathrm{F}}(\hat{\boldsymbol{B}}_l)\leqslant 1/8$。考虑式(4.25)，令

$$\Delta\bar{\boldsymbol{B}}_l=\begin{pmatrix}\boldsymbol{E}_1\\\boldsymbol{E}_2\end{pmatrix},\quad \boldsymbol{E}_1\in\mathbb{R}^{l\times l},\quad \boldsymbol{E}_2\in\mathbb{R}^{n\times l}。$$

由式(4.25)和式(4.26)可知，$\boldsymbol{P}_{11}\hat{\boldsymbol{R}}_l=\boldsymbol{E}_1$。于是对任意 l 维对角元为正的对角方阵 $\boldsymbol{D}$，有

$$\|\boldsymbol{P}_{11}\|_{\mathrm{F}}=\|\boldsymbol{E}_1\boldsymbol{D}(\hat{\boldsymbol{R}}_l\boldsymbol{D})^{-1}\|_{\mathrm{F}}\leqslant\|\boldsymbol{E}_1\boldsymbol{D}\|_{\mathrm{F}}\|(\hat{\boldsymbol{R}}_l\boldsymbol{D})^{-1}\|=\frac{\|\boldsymbol{E}_1\boldsymbol{D}\|_{\mathrm{F}}}{\sigma_{\min}(\hat{\boldsymbol{R}}_l\boldsymbol{D})}。$$

结合奇异值的性质和式(4.21)，可知 $\sigma_{\min}(\hat{\boldsymbol{R}}_l)\geqslant\sigma_{\min}(\hat{\boldsymbol{B}}_l)-\|\Delta\boldsymbol{B}_l'\|$，故

$$\frac{\|\boldsymbol{E}_1\boldsymbol{D}\|_{\mathrm{F}}}{\sigma_{\min}(\hat{\boldsymbol{R}}_l\boldsymbol{D})}\leqslant\frac{\|\boldsymbol{E}_1\boldsymbol{D}\|_{\mathrm{F}}}{\sigma_{\min}(\hat{\boldsymbol{B}}_l\boldsymbol{D})-\|\Delta\boldsymbol{B}_l'\boldsymbol{D}\|}。$$

由式(4.25)可得

$$\|\boldsymbol{E}_1\boldsymbol{D}\boldsymbol{e}_j\|\leqslant\|\Delta\bar{\boldsymbol{B}}_l\boldsymbol{D}\boldsymbol{e}_j\|\leqslant\widetilde{\gamma}_{nl}\|\hat{\boldsymbol{B}}_l\boldsymbol{D}\boldsymbol{e}_j\|,$$

同理，由式(4.21)可得

$$\|\Delta\boldsymbol{B}_l'\boldsymbol{D}\boldsymbol{e}_j\|\leqslant\widetilde{\gamma}_{nl}\|\hat{\boldsymbol{B}}_l\boldsymbol{D}\boldsymbol{e}_j\|,$$

从而有

$$\|\boldsymbol{P}_{11}\|_{\mathrm{F}} \leqslant \frac{\tilde{\gamma}_{nl}\|\hat{\boldsymbol{B}}_l\boldsymbol{D}\|_{\mathrm{F}}}{\sigma_{\min}(\hat{\boldsymbol{B}}_l\boldsymbol{D}) - \tilde{\gamma}_{nl}\|\hat{\boldsymbol{B}}_l\boldsymbol{D}\|_{\mathrm{F}}}。$$

以上分析对任意 $\boldsymbol{D}\in\mathscr{D}$ 都成立。根据引理的假设条件和式(4.24),有

$$\|\boldsymbol{P}_{11}\|_{\mathrm{F}} \leqslant \min_{\boldsymbol{D}\in\mathscr{D}} \frac{\tilde{\gamma}_{nl}\dfrac{\|\hat{\boldsymbol{B}}_l\boldsymbol{D}\|_{\mathrm{F}}}{\sigma_{\min}(\hat{\boldsymbol{B}}_l\boldsymbol{D})}}{1-\tilde{\gamma}_{nl}\dfrac{\|\hat{\boldsymbol{B}}_l\boldsymbol{D}\|_{\mathrm{F}}}{\sigma_{\min}(\hat{\boldsymbol{B}}_l\boldsymbol{D})}} = \frac{\tilde{\gamma}_{nl}\tilde{\kappa}_{\mathrm{F}}(\hat{\boldsymbol{B}}_l)}{1-\tilde{\gamma}_{nl}\tilde{\kappa}_{\mathrm{F}}(\hat{\boldsymbol{B}}_l)} \leqslant \frac{1}{7}。$$

证毕。

根据式(4.22),有

$$\hat{\boldsymbol{V}}_l^{\mathrm{T}}\hat{\boldsymbol{V}}_l = \tilde{\boldsymbol{V}}_l^{\mathrm{T}}\tilde{\boldsymbol{V}}_l + \tilde{\boldsymbol{V}}_l^{\mathrm{T}}\Delta\boldsymbol{V}_l + \Delta\boldsymbol{V}_l^{\mathrm{T}}\tilde{\boldsymbol{V}}_l + \Delta\boldsymbol{V}_l^{\mathrm{T}}\Delta\boldsymbol{V}_l,$$

故

$$\|\tilde{\boldsymbol{V}}_l^{\mathrm{T}}\tilde{\boldsymbol{V}}_l - \hat{\boldsymbol{V}}_l^{\mathrm{T}}\hat{\boldsymbol{V}}_l\|_{\mathrm{F}} \leqslant \tilde{\gamma}_n\|\tilde{\boldsymbol{V}}_l^{\mathrm{T}}\tilde{\boldsymbol{V}}_l\|。$$

因此在正交性方面 $\tilde{\boldsymbol{V}}_l$ 和 $\hat{\boldsymbol{V}}_l$ 差别很小。如果描述 $\tilde{\boldsymbol{V}}_l$ 正交性的量可给出上限,那么针对 $\hat{\boldsymbol{V}}_l$ 也会有类似的上限。此外,易知 $\sigma_{\min}(\tilde{\boldsymbol{V}}_l)\leqslant\sigma_1(\tilde{\boldsymbol{v}}_1)=1\leqslant\sigma_{\max}(\tilde{\boldsymbol{V}}_l)$。借助引理 4.6,可得到 $\tilde{\boldsymbol{V}}_l$ 的条件数和奇异值上限,这些值会在之后的讨论中用到。

引理 4.7 若 $\tilde{\gamma}_{nl}\tilde{\kappa}_{\mathrm{F}}(\hat{\boldsymbol{B}}_l)\leqslant 1/8$,则 $\kappa(\tilde{\boldsymbol{V}}_l),\sigma_{\min}^{-1}(\tilde{\boldsymbol{V}}_l),\sigma_{\max}(\tilde{\boldsymbol{V}}_l)\leqslant 4/3$。

证明:假设 $\tilde{\gamma}_{nl}\tilde{\kappa}_{\mathrm{F}}(\hat{\boldsymbol{B}}_l)\leqslant 1/8$。令 $\boldsymbol{F}=(\boldsymbol{I}-\boldsymbol{P}_{11})^{-1}\boldsymbol{P}_{11}$。由式(4.28)可知,$\tilde{\boldsymbol{V}}_l^{\mathrm{T}}\tilde{\boldsymbol{V}}_l=\boldsymbol{I}+\boldsymbol{F}+\boldsymbol{F}^{\mathrm{T}}$。令 $\boldsymbol{z}\in\mathbb{R}^l$ 且 $\|\boldsymbol{z}\|=1$。于是有

$$\|\tilde{\boldsymbol{V}}_l\boldsymbol{z}\|^2 = \boldsymbol{z}^{\mathrm{T}}\boldsymbol{z}+\boldsymbol{z}^{\mathrm{T}}\boldsymbol{F}\boldsymbol{z}+\boldsymbol{z}^{\mathrm{T}}\boldsymbol{F}^{\mathrm{T}}\boldsymbol{z}=1+2\boldsymbol{z}^{\mathrm{T}}\boldsymbol{F}\boldsymbol{z}\leqslant 1+2\|\boldsymbol{F}\|。$$

又因为 $\|\boldsymbol{F}\|\leqslant\|\boldsymbol{P}_{11}\|/(1-\|\boldsymbol{P}_{11}\|)$,结合引理 4.6 可得

$$\sigma_{\max}^2(\tilde{\boldsymbol{V}}_l)\leqslant\frac{1+\|\boldsymbol{P}_{11}\|}{1-\|\boldsymbol{P}_{11}\|}\leqslant\frac{4}{3}, \tag{4.29}$$

于是有 $\sigma_{\max}(\tilde{\boldsymbol{V}}_l)\leqslant 4/3$。另一方面,定义 $\tilde{\boldsymbol{z}}=(1-\boldsymbol{P}_{11})^{\mathrm{T}}\boldsymbol{z}$,故 $\|\tilde{\boldsymbol{z}}\|\leqslant 1+\|\boldsymbol{P}_{11}\|$。由式(4.27)可得

$$\frac{\tilde{\boldsymbol{z}}^{\mathrm{T}}\tilde{\boldsymbol{V}}_l^{\mathrm{T}}\tilde{\boldsymbol{V}}_l\tilde{\boldsymbol{z}}}{\tilde{\boldsymbol{z}}^{\mathrm{T}}\tilde{\boldsymbol{z}}} = \frac{1-\boldsymbol{z}^{\mathrm{T}}\boldsymbol{P}_{11}\boldsymbol{P}_{11}^{\mathrm{T}}\boldsymbol{z}}{\tilde{\boldsymbol{z}}^{\mathrm{T}}\tilde{\boldsymbol{z}}} \geqslant \frac{1-\|\boldsymbol{P}_{11}\|^2}{(1+\|\boldsymbol{P}_{11}\|)^2} = \frac{1-\|\boldsymbol{P}_{11}\|}{1+\|\boldsymbol{P}_{11}\|},$$

其中 $\boldsymbol{P}_{11}$ 为正交矩阵的一部分,故 $\|\boldsymbol{P}_{11}\|\leqslant 1$。因此

$$\sigma_{\min}^{2}(\widetilde{\boldsymbol{V}}_{l}) \geqslant \frac{1-\|\boldsymbol{P}_{11}\|}{1+\|\boldsymbol{P}_{11}\|} \geqslant \frac{3}{4}, \tag{4.30}$$

于是有 $\sigma_{\min}^{-1}(\widetilde{\boldsymbol{V}}_{l}) \leqslant 4/3$。结合式(4.29)和式(4.30)，易知 $\kappa(\widetilde{\boldsymbol{V}}_{l}) \leqslant 4/3$，从而引理得证。

由引理 4.7 可知，在给定条件下，$\kappa(\widetilde{\boldsymbol{V}}_{l})$，$\sigma_{\min}^{-1}(\widetilde{\boldsymbol{V}}_{l})$，$\sigma_{\max}(\widetilde{\boldsymbol{V}}_{l}) \leqslant 4/3$。反过来说，若 $\kappa(\widetilde{\boldsymbol{V}}_{l}) > 4/3$，则 $\widetilde{\gamma}_{nl}\widetilde{\kappa}_{\mathrm{F}}(\hat{\boldsymbol{B}}_{l}) > 1/8$。下面将 $\boldsymbol{v}_1 = \boldsymbol{b}/\|\boldsymbol{b}\|$ 看作迭代的第 1 步，令 k 为使 $\kappa(\widetilde{\boldsymbol{V}}_{k}) \leqslant 4/3$ 的最大迭代步数。也就是说，$\widetilde{\boldsymbol{V}}_{k+1}$ 的列向量在有限精度下的线性相关性很强。另一方面，对最小二乘问题来说，k 一定不超过 n，因为当 $k=n$ 时残差为零，算法停止。在有限精度下，即使超过 n 步，豪斯霍尔德过程和 MGS 的等价关系依然成立，详见 PRS06。因此，无须单独讨论对 $\hat{\boldsymbol{B}}_{n+1}$ 做 QR 分解的情况。因此，对任意 $\boldsymbol{D} \in \mathscr{D}$，有下式成立：

$$\kappa(\widetilde{\boldsymbol{V}}_{k}),\quad \sigma_{\min}^{-1}(\widetilde{\boldsymbol{V}}_{k}),\quad \sigma_{\max}(\widetilde{\boldsymbol{V}}_{k}) \leqslant \frac{4}{3}, \sigma_{\min}(\hat{\boldsymbol{B}}_{k}\boldsymbol{D}) \geqslant \widetilde{\gamma}_{nk}\|\hat{\boldsymbol{B}}_{k}\boldsymbol{D}\|_{\mathrm{F}}, \tag{4.31a}$$

$$\kappa(\widetilde{\boldsymbol{V}}_{k+1}) > \frac{4}{3},\quad \sigma_{\min}(\hat{\boldsymbol{B}}_{k+1}\boldsymbol{D}) < \widetilde{\gamma}_{nk}\|\hat{\boldsymbol{B}}_{k+1}\boldsymbol{D}\|_{\mathrm{F}}, \tag{4.31b}$$

其中常数项合并到了 $\widetilde{\gamma}_{nk}$ 中。

将式(4.23)记作

$$\hat{\boldsymbol{y}}_{k} = \arg\min_{\boldsymbol{y}} \|\boldsymbol{b}_{k} - \boldsymbol{A}_{k}\boldsymbol{y}\|, \tag{4.32}$$

其中

$$\boldsymbol{A}_{k} = \widetilde{\boldsymbol{W}}_{k} + \Delta\widetilde{\boldsymbol{W}}_{k},\quad \Delta\widetilde{\boldsymbol{W}}_{k} = \Delta\boldsymbol{W}_{k} + \Delta\boldsymbol{C}_{k},\quad \|\Delta\widetilde{\boldsymbol{W}}_{k}\|_{\mathrm{F}} \leqslant \widetilde{\gamma}_{nk}\|\boldsymbol{A}\|_{\mathrm{F}}, \tag{4.33a}$$

$$\boldsymbol{b}_{k} = \boldsymbol{b} + \Delta\boldsymbol{b},\quad \|\Delta\boldsymbol{b}\| \leqslant \widetilde{\gamma}_{nk}\|\boldsymbol{b}\|。 \tag{4.33b}$$

这里 $\widetilde{\boldsymbol{W}}_{k} = \boldsymbol{A}\widetilde{\boldsymbol{V}}_{k}$。利用前文的记号，

$$\hat{\boldsymbol{B}}_{k+1} = (\boldsymbol{b}, \hat{\boldsymbol{C}}_{k}) = (\boldsymbol{b}, \widetilde{\boldsymbol{W}}_{k} + \Delta\boldsymbol{W}_{k}),\quad \Delta\boldsymbol{B}_{k+1} = (\Delta\boldsymbol{b}, \Delta\boldsymbol{C}_{k}),$$

$$\|\Delta\boldsymbol{B}_{k+1}\boldsymbol{e}_{j}\| \leqslant \widetilde{\gamma}_{nk}\|\hat{\boldsymbol{B}}_{k+1}\boldsymbol{e}_{j}\|,$$

可以看到 $(\boldsymbol{b}_{k}, \boldsymbol{A}_{k}) = \hat{\boldsymbol{B}}_{k+1} + \Delta\boldsymbol{B}_{k+1}$。令 $\boldsymbol{D} = \mathrm{diag}(\phi, 1, \cdots, 1) \in \mathbb{R}^{(k+1)\times(k+1)}$，其中 $\phi > 0$。于是有

$$(\boldsymbol{b}_{k}, \boldsymbol{A}_{k})\boldsymbol{D} = (\boldsymbol{b}_{k}\phi, \boldsymbol{A}_{k}) = \hat{\boldsymbol{B}}_{k+1}\boldsymbol{D} + \Delta\boldsymbol{B}_{k+1}\boldsymbol{D},\quad \|\Delta\boldsymbol{B}_{k+1}\boldsymbol{D}\|_{\mathrm{F}} \leqslant \widetilde{\gamma}_{nk}\|\hat{\boldsymbol{B}}_{k+1}\boldsymbol{D}\|_{\mathrm{F}},$$

故

$$\|\hat{\boldsymbol{B}}_{k+1}\boldsymbol{D}\|_F \leqslant \|(\boldsymbol{b}_k\phi,\boldsymbol{A}_k)\|_F+\|\Delta\boldsymbol{B}_{k+1}\boldsymbol{D}\|_F \leqslant \|(\boldsymbol{b}_k\phi,\boldsymbol{A}_k)\|_F+\tilde{\gamma}_{nk}\|\hat{\boldsymbol{B}}_{k+1}\boldsymbol{D}\|_F,$$

从而有

$$\|\hat{\boldsymbol{B}}_{k+1}\boldsymbol{D}\|_F \leqslant \frac{1}{1-\tilde{\gamma}_{nk}}\|(\boldsymbol{b}_k\phi,\boldsymbol{A}_k)\|_F。$$

结合式(4.31b)可得

$$\sigma_{\min}(\hat{\boldsymbol{B}}_{k+1}\boldsymbol{D})<\tilde{\gamma}_{nk}\|\hat{\boldsymbol{B}}_{k+1}\boldsymbol{D}\|_F \leqslant \tilde{\gamma}_{nk}\|(\boldsymbol{b}_k\phi,\boldsymbol{A}_k)\|_F。\tag{4.34}$$

另一方面，由式(4.31a)可得

$$\begin{aligned}\|\boldsymbol{A}_k\|_F &\leqslant \|\tilde{\boldsymbol{W}}_k\|_F+\|\Delta\tilde{\boldsymbol{W}}_k\|_F \leqslant \|\boldsymbol{A}\|_F\sigma_{\max}(\tilde{\boldsymbol{V}}_k)+\tilde{\gamma}_{nk}\|\boldsymbol{A}\|_F\\ &\leqslant \left(\frac{4}{3}+\tilde{\gamma}_{nk}\right)\|\boldsymbol{A}\|_F。\end{aligned}\tag{4.35}$$

根据奇异值的性质，可得

$$\sigma_{\min}(\boldsymbol{A}_k)\geqslant\sigma_{\min}(\tilde{\boldsymbol{W}}_k)-\|\Delta\tilde{\boldsymbol{W}}_k\|_F\geqslant\sigma_{\min}(\boldsymbol{A})\sigma_{\min}(\tilde{\boldsymbol{V}}_k)-\tilde{\gamma}_{nk}\|\boldsymbol{A}\|_F。$$

PRS06 给出了一个假设条件

$$\sigma_{\min}(\boldsymbol{A})\gg n^2\varepsilon_u\|\boldsymbol{A}\|_F,\tag{4.36}$$

由该条件和式(4.31a)可得

$$\sigma_{\min}(\boldsymbol{A}_k)\geqslant\frac{3}{4}\sigma_{\min}(\boldsymbol{A})-\tilde{\gamma}_{nk}\|\boldsymbol{A}\|_F>0。\tag{4.37}$$

另一方面，$\hat{\boldsymbol{B}}_{k+1}\boldsymbol{D}=(\boldsymbol{b}_k\phi,\boldsymbol{A}_k)+(-\Delta\boldsymbol{B}_{k+1}\boldsymbol{D})$，结合式(4.34)可得到以下结论：

$$\sigma_{\min}((\boldsymbol{b}_k\phi,\boldsymbol{A}_k))\leqslant\sigma_{\min}(\hat{\boldsymbol{B}}_{k+1}\boldsymbol{D})+\|\Delta\boldsymbol{B}_{k+1}\boldsymbol{D}\|\leqslant\tilde{\gamma}_{nk}\|(\boldsymbol{b}_k\phi,\boldsymbol{A}_k)\|_F。\tag{4.38}$$

这里给出了奇异值与 F-范数的关系，其中 ϕ 取任意正数都可令式(4.38)成立。前文曾提到过本部分的分析顺序，第一步将 $\tilde{\boldsymbol{V}}_k$ 的正交损失用条件数和奇异值来描述(已在引理 4.7 中给出)；第二步要研究残差向量 $\tilde{\boldsymbol{r}}_k=\boldsymbol{b}_k-\boldsymbol{A}_k\hat{\boldsymbol{y}}_k$，研究方法是将残差与 $\boldsymbol{A}_k$ 和$(\boldsymbol{b}_k\phi,\boldsymbol{A}_k)$的最小奇异值建立联系。首先定义一个依赖于 ϕ 的参数

$$\delta_k(\phi)=\frac{\sigma_{\min}((\boldsymbol{b}_k\phi,\boldsymbol{A}_k))}{\sigma_{\min}(\boldsymbol{A}_k)}。\tag{4.39}$$

根据式(4.37)和式(4.38)，可知 $\delta_k(\phi)\geqslant 0$。

引理 4.8 令 $\tilde{\boldsymbol{r}}_k=\boldsymbol{b}_k-\boldsymbol{A}_k\hat{\boldsymbol{y}}_k\neq 0$。若 $\delta_k(\phi)<1$，则对任意 $\phi>0$ 有下式成立：

$$\|\tilde{\boldsymbol{r}}_k\|^2\leqslant\sigma_{\min}^2((\boldsymbol{b}_k\phi,\boldsymbol{A}_k))\left(\phi^{-2}+\frac{\|\hat{\boldsymbol{y}}_k\|^2}{1-\delta_k^2(\phi)}\right)。\tag{4.40}$$

证明：已知 $\sigma_{\min}((\boldsymbol{b}_k\phi,\boldsymbol{A}_k))<\sigma_{\min}(\boldsymbol{A}_k)$。由式(4.37)可知 $\boldsymbol{A}_k$ 的秩为 k。由引理条件可知 $\boldsymbol{b}_k$ 不属于 $\boldsymbol{A}_k$ 的像空间。做奇异值分解

$$\boldsymbol{A}_k=\boldsymbol{W}\bar{\boldsymbol{\Sigma}}\boldsymbol{Z}^{\mathrm{T}},\quad \bar{\boldsymbol{\Sigma}}=\begin{pmatrix}\boldsymbol{\Sigma}\\ \boldsymbol{0}\end{pmatrix},\quad \boldsymbol{\Sigma}=\mathrm{diag}(\sigma_1,\cdots,\sigma_k),\tag{4.41a}$$

其中 $\sigma_1\geqslant\cdots\geqslant\sigma_k$，且由式(4.37)可知 $\sigma_k>0$。于是有

$$\boldsymbol{W}^{\mathrm{T}}(\boldsymbol{b}_k,\boldsymbol{A}_k\boldsymbol{Z})=\begin{pmatrix}\boldsymbol{a}_1 & \boldsymbol{\Sigma}\\ \boldsymbol{a}_2 & \boldsymbol{0}\end{pmatrix},\quad \boldsymbol{a}_1=\begin{pmatrix}\alpha_1\\ \vdots\\ \alpha_k\end{pmatrix},\quad \|\hat{\boldsymbol{y}}_k\|^2=\sum_{i=1}^{k}\frac{\alpha_i^2}{\sigma_i^2}。\tag{4.41b}$$

将 $\sigma_{\min}((\boldsymbol{b}_k\phi,\boldsymbol{A}_k))$ 记作 σ。令

$$\psi_k=\frac{\det((\boldsymbol{b}_k\phi,\boldsymbol{A}_k)^{\mathrm{T}}(\boldsymbol{b}_k\phi,\boldsymbol{A}_k)-\sigma^2\boldsymbol{I})}{\det(\boldsymbol{A}_k^{\mathrm{T}}\boldsymbol{A}_k-\sigma^2\boldsymbol{I})},$$

显然 $\psi_k=0$。又因为

$$(\boldsymbol{b}_k\phi,\boldsymbol{A}_k)^{\mathrm{T}}(\boldsymbol{b}_k\phi,\boldsymbol{A}_k)-\sigma^2\boldsymbol{I}=\begin{pmatrix}\phi^2\boldsymbol{b}_k^{\mathrm{T}}\boldsymbol{b}_k-\sigma^2 & \phi\boldsymbol{b}_k^{\mathrm{T}}\boldsymbol{A}_k\\ \phi\boldsymbol{A}_k^{\mathrm{T}}\boldsymbol{b}_k & \boldsymbol{A}_k^{\mathrm{T}}\boldsymbol{A}_k-\sigma^2\boldsymbol{I}\end{pmatrix},$$

根据舒尔补的性质，有

$$\phi^2\boldsymbol{b}_k^{\mathrm{T}}\boldsymbol{b}_k-\sigma^2-\phi^2\boldsymbol{b}_k^{\mathrm{T}}\boldsymbol{A}_k(\boldsymbol{A}_k^{\mathrm{T}}\boldsymbol{A}_k-\sigma^2\boldsymbol{I})^{-1}\boldsymbol{A}_k^{\mathrm{T}}\boldsymbol{b}_k=\boldsymbol{0},$$

借助矩阵运算的性质和式(4.41)可对其进行化简，过程不再详述。整理后可得

$$\phi^2\|\tilde{\boldsymbol{r}}_k\|^2=\sigma^2+\phi^2\sigma^2\sum_{i=1}^{k}\frac{\alpha_i^2}{\sigma_i^2-\sigma^2}。$$

于是，由式(4.41b)可得

$$\|\tilde{\boldsymbol{r}}_k\|^2=\sigma^2\left(\phi^{-2}+\sum_{i=1}^{k}\frac{\frac{\alpha_i^2}{\sigma_i^2}}{1-\frac{\sigma^2}{\sigma_i^2}}\right)\leqslant\sigma^2\left(\phi^{-2}+\frac{\sum_{i=1}^{k}\frac{\alpha_i^2}{\sigma_i^2}}{1-\frac{\sigma^2}{\sigma_k^2}}\right)=\sigma^2\left(\phi^{-2}+\frac{\|\hat{\boldsymbol{y}}_k\|^2}{1-\delta_k^2(\phi)}\right),$$

从而引理得证。

引理 4.8 的给定条件 $\delta_k(\phi)<1$ 可由奇异值的性质推出，关键是要证明 $\sigma_{\min}((\boldsymbol{b}_k\phi,\boldsymbol{A}_k))$ 随 ϕ 的增大而增大(详见佩奇和斯特拉克斯 2002 年发表的文章)。关于舒尔补(Schur complement)的性质可参阅霍恩和约翰逊的著作。相关证明过程及扩展内容可参阅里森(J. Liesen)、佩奇、罗兹洛兹尼克、斯特拉克斯于 2002 年发表的几篇文章。值得一提的是，PRS06 在其第 8 小节开头曾指出，残差的推导是一件异常

困难的事。可以看到，一些前期工作对 MGS-GMRES 稳定性的证明起到了重要的推动作用。其中最重要的工作有两个：一个是第 2 章介绍过的豪斯霍尔德过程与 MGS 的等价关系及相关稳定性结论；另一个就是引理 4.8，主要出现在佩奇等人 2002 年发表的文章中。

式(4.40)对任意 $\phi>0$ 都成立，因此可通过适当选取 ϕ 来减小残差上限。$\tilde{\boldsymbol{r}}_k=\boldsymbol{0}$ 时无须证明。假设 $\tilde{\boldsymbol{r}}_k\neq\boldsymbol{0}$，则 $\sigma_{\min}((\boldsymbol{b}_k\phi,\boldsymbol{A}_k))>0$。PRS06 采用的方法很巧妙，即证明存在 $\varphi>0$ 使得下式成立：

$$\sigma_{\min}^2(\boldsymbol{A}_k)-\sigma_{\min}^2((\boldsymbol{b}_k\varphi,\boldsymbol{A}_k))=\sigma_{\min}^2(\boldsymbol{A}_k)\,\|\hat{\boldsymbol{y}}_k\varphi\|^2。\tag{4.42}$$

式(4.42)中等号两边随 ϕ 连续变化，当 $\phi=0$ 时，左边大于右边；当 $\phi=\|\hat{\boldsymbol{y}}_k\|^{-1}$ 时，右边大于左边。因此存在 $0<\varphi<\|\hat{\boldsymbol{y}}_k\|^{-1}$ 使得式(4.42)成立。此时有 $\delta_k(\varphi)<1$。结合式(4.39)有

$$\varphi^{-2}=\frac{\|\hat{\boldsymbol{y}}_k\|^2}{1-\delta_k^2(\varphi)},\quad 0<\varphi<\|\hat{\boldsymbol{y}}_k\|^{-1}。\tag{4.43}$$

将 $\phi=\varphi$ 代入式(4.39)，联立式(4.37)和式(4.38)，可得

$$\delta_k(\varphi)\leqslant\frac{\tilde{\gamma}_{nk}\,\|(\boldsymbol{b}_k\varphi,\boldsymbol{A}_k)\|_{\mathrm{F}}}{\sigma_{\min}(\boldsymbol{A})-\tilde{\gamma}_{nk}\,\|\boldsymbol{A}\|_{\mathrm{F}}}=\frac{\tilde{\gamma}_{nk}\sqrt{\|\boldsymbol{b}_k\varphi\|^2+\|\boldsymbol{A}_k\|_{\mathrm{F}}^2}}{\sigma_{\min}(\boldsymbol{A})-\tilde{\gamma}_{nk}\,\|\boldsymbol{A}\|_{\mathrm{F}}}。\tag{4.44}$$

另一方面，将 $\phi=\varphi$ 代入式(4.40)，借助式(4.38)和式(4.43)，能够看到

$$\|\tilde{\boldsymbol{r}}_k\|^2\leqslant\tilde{\gamma}_{nk}^2\,\|(\boldsymbol{b}_k\varphi,\boldsymbol{A}_k)\|_{\mathrm{F}}^2\cdot 2\varphi^{-2}=\tilde{\gamma}_{nk}^2(\|\boldsymbol{b}_k\varphi\|^2+\|\boldsymbol{A}_k\|_{\mathrm{F}}^2)\varphi^{-2}。\tag{4.45}$$

以上讨论将常数项并入 $\tilde{\gamma}_{nk}^2$，忽略高次项。

接下来先处理 $\|\boldsymbol{b}_k\varphi\|^2$，得到式(4.44)的上限；然后由式(4.43)得到 φ^{-2} 的上限；最后给出残差上限。已知 $\tilde{\boldsymbol{r}}_k=\boldsymbol{b}_k-\boldsymbol{A}_k\hat{\boldsymbol{y}}_k$，且 $\hat{\boldsymbol{y}}_k$ 是最小二乘问题的解〔见式(4.32)〕，故 $\tilde{\boldsymbol{r}}_k$ 垂直于 $\boldsymbol{A}_k$ 的像空间，从而有

$$\|\boldsymbol{b}_k\varphi\|^2=\|\tilde{\boldsymbol{r}}_k\varphi\|^2+\|\boldsymbol{A}_k\hat{\boldsymbol{y}}_k\varphi\|^2\leqslant\tilde{\gamma}_{nk}^2(\|\boldsymbol{b}_k\varphi\|^2+\|\boldsymbol{A}_k\|_{\mathrm{F}}^2)+\|\boldsymbol{A}_k\|_{\mathrm{F}}^2,$$

其中最右端项利用式(4.43)，通过消去 $\delta_k^2(\varphi)$ 进行了放缩。整理后可得

$$\|\boldsymbol{b}_k\varphi\|^2\leqslant\frac{1+\tilde{\gamma}_{nk}^2}{1-\tilde{\gamma}_{nk}^2}\,\|\boldsymbol{A}_k\|_{\mathrm{F}}^2,$$

代入式(4.44)，有

$$\delta_k(\varphi)\leqslant\frac{\tilde{\gamma}_{nk}\,\|\boldsymbol{A}_k\|_{\mathrm{F}}}{\sigma_{\min}(\boldsymbol{A})-\tilde{\gamma}_{nk}\,\|\boldsymbol{A}\|_{\mathrm{F}}}\leqslant\frac{\tilde{\gamma}_{nk}\,\|\boldsymbol{A}\|_{\mathrm{F}}}{3\,\tilde{\gamma}_{nk}\,\|\boldsymbol{A}\|_{\mathrm{F}}-\tilde{\gamma}_{nk}\,\|\boldsymbol{A}\|_{\mathrm{F}}}=\frac{1}{2}。$$

这里用到了假设条件式(4.36),显式给出一个小于 1 的上限。然后代入式(4.43),可得到 $\varphi^{-2}\leqslant(4/3)\|\hat{\boldsymbol{y}}_k\|^2$。最后将上述结果代入式(4.45),整理后可得

$$\|\tilde{\boldsymbol{r}}_k\|\leqslant\tilde{\gamma}_{nk}\sqrt{\|\boldsymbol{b}\|^2+\|\boldsymbol{A}\|_F^2\|\hat{\boldsymbol{y}}_k\|^2}\leqslant\tilde{\gamma}_{nk}(\|\boldsymbol{b}\|+\|\boldsymbol{A}\|_F\|\hat{\boldsymbol{y}}_k\|),\tag{4.46}$$

其中 $\|\boldsymbol{b}_k\|$ 的上限可由式(4.33b)得到。

上述分析验证了一个结论:当 $\kappa(\tilde{\boldsymbol{V}}_{k+1})>4/3$,即 $\hat{\boldsymbol{B}}_{k+1}$ 在数值意义上不满秩时,残差足够小。回顾残差向量的表达式

$$\tilde{\boldsymbol{r}}_k=\boldsymbol{b}+\Delta\boldsymbol{b}-(\boldsymbol{A}\tilde{\boldsymbol{V}}_k+\Delta\tilde{\boldsymbol{W}}_k)\hat{\boldsymbol{y}}_k,$$

$$\|\Delta\tilde{\boldsymbol{W}}_k\|_F\leqslant\tilde{\gamma}_{nk}\|\boldsymbol{A}\|_F,\quad\|\Delta\boldsymbol{b}\|\leqslant\tilde{\gamma}_{nk}\|\boldsymbol{b}\|,\tag{4.47}$$

实际需要得到的解是 $\hat{\boldsymbol{x}}_k$,并且希望得到相应的后向误差,由此便可完成 MGS-GMRES 的误差分析。

定理 4.9　给定 $\boldsymbol{A}\in\mathbb{R}^{n\times n}$,$\boldsymbol{b}\in\mathbb{R}^n$,且 $\boldsymbol{A}$ 的秩为 n。用 MGS-GMRES 求解 $\boldsymbol{A}\boldsymbol{x}=\boldsymbol{b}$。若 $\sigma_{\min}(\boldsymbol{A})\gg n^2\varepsilon_u\|\boldsymbol{A}\|_F$,则存在 $k\leqslant n$,使得近似解 $\hat{\boldsymbol{x}}_k$ 满足

$$\hat{\boldsymbol{r}}_k=\boldsymbol{b}+\Delta\boldsymbol{b}-(\boldsymbol{A}+\Delta\boldsymbol{A})\hat{\boldsymbol{x}}_k,\quad\|\hat{\boldsymbol{r}}_k\|\leqslant\tilde{\gamma}_{nk}(\|\boldsymbol{b}\|+\|\boldsymbol{A}\|_F\|\hat{\boldsymbol{x}}_k\|),\tag{4.48a}$$

$$(\boldsymbol{A}+\Delta\boldsymbol{A}')\hat{\boldsymbol{x}}_k=\boldsymbol{b}+\Delta\boldsymbol{b}',\tag{4.48b}$$

其中

$$\|\Delta\boldsymbol{A}\|_F\leqslant\tilde{\gamma}_{nk}\|\boldsymbol{A}\|_F,\quad\|\Delta\boldsymbol{b}\|\leqslant\tilde{\gamma}_{nk}\|\boldsymbol{b}\|,$$

$$\|\Delta\boldsymbol{A}'\|_F\leqslant\tilde{\gamma}_{nk}\|\boldsymbol{A}\|_F,\quad\|\Delta\boldsymbol{b}'\|\leqslant\tilde{\gamma}_{nk}\|\boldsymbol{b}\|。$$

证明:前文已证明,当定理条件得到满足时,有式(4.47)成立。易知

$$\hat{\boldsymbol{x}}_k=\mathrm{fl}(\hat{\boldsymbol{V}}_k\hat{\boldsymbol{y}}_k)=(\hat{\boldsymbol{V}}_k+\Delta\boldsymbol{V}'_k)\hat{\boldsymbol{y}}_k,\quad|\Delta\boldsymbol{V}'_k|\leqslant\gamma_k|\hat{\boldsymbol{V}}_k|。\tag{4.49}$$

由式(4.47)可知,要使 $\tilde{\boldsymbol{r}}_k=\boldsymbol{b}+\Delta\boldsymbol{b}-(\boldsymbol{A}+\Delta\boldsymbol{A})\hat{\boldsymbol{x}}_k$,只需令

$$\Delta\boldsymbol{A}=(\Delta\tilde{\boldsymbol{W}}_k-\boldsymbol{A}(\Delta\boldsymbol{V}'_k+\hat{\boldsymbol{V}}_k-\tilde{\boldsymbol{V}}_k))\hat{\boldsymbol{y}}_k\|\hat{\boldsymbol{x}}_k\|^{-2}\hat{\boldsymbol{x}}_k^{\mathrm{T}}。$$

再根据式(4.22),有

$$\begin{aligned}\|\Delta\boldsymbol{A}\|_F&\leqslant(\|\Delta\tilde{\boldsymbol{W}}_k\|_F+\|\boldsymbol{A}(\Delta\boldsymbol{V}'_k+\Delta\boldsymbol{V}_k)\|_F)\frac{\|\hat{\boldsymbol{y}}_k\|}{\|\hat{\boldsymbol{x}}_k\|}\\&\leqslant(\tilde{\gamma}_{nk}\|\boldsymbol{A}\|_F+\sqrt{k}\tilde{\gamma}_n\|\boldsymbol{A}\|_F)\frac{\|\hat{\boldsymbol{y}}_k\|}{\|\hat{\boldsymbol{x}}_k\|}=\tilde{\gamma}_{nk}\|\boldsymbol{A}\|_F\frac{\|\hat{\boldsymbol{y}}_k\|}{\|\hat{\boldsymbol{x}}_k\|}。\end{aligned}$$

由式(4.31a)和式(4.49)可得

$$\|\hat{\boldsymbol{x}}_k\|=\|(\hat{\boldsymbol{V}}_k+\Delta\boldsymbol{V}'_k)\hat{\boldsymbol{y}}_k\|\geqslant\|\hat{\boldsymbol{V}}_k\hat{\boldsymbol{y}}_k\|-\|\Delta\boldsymbol{V}'_k\hat{\boldsymbol{y}}_k\|\geqslant\frac{3}{4}\|\hat{\boldsymbol{y}}_k\|-\sqrt{k}\gamma_k\|\hat{\boldsymbol{y}}_k\|,$$

故

$$\|\Delta\boldsymbol{A}\|_F\leqslant\tilde{\gamma}_{nk}\|\boldsymbol{A}\|_F,$$

从而式(4.48a)得证。然后令

$$\Delta\tilde{\boldsymbol{A}}=\frac{\|\boldsymbol{A}\|_F\|\hat{\boldsymbol{x}}_k\|}{\|\boldsymbol{b}\|+\|\boldsymbol{A}\|_F\|\hat{\boldsymbol{x}}_k\|}\cdot\frac{\hat{\boldsymbol{r}}_k\hat{\boldsymbol{x}}_k^{\mathrm{T}}}{\|\hat{\boldsymbol{x}}_k\|^2},\quad\Delta\tilde{\boldsymbol{b}}=-\frac{\|\boldsymbol{b}\|}{\|\boldsymbol{b}\|+\|\boldsymbol{A}\|_F\|\hat{\boldsymbol{x}}_k\|}\hat{\boldsymbol{r}}_k,$$

以及 $\Delta\boldsymbol{A}'=\Delta\boldsymbol{A}+\Delta\tilde{\boldsymbol{A}}$，$\Delta\boldsymbol{b}'=\Delta\boldsymbol{b}+\Delta\tilde{\boldsymbol{b}}$，不难看出式(4.48b)得证。证毕。

至此完成了 MGS-GMRES 的误差分析。假设式(4.36)成立，则用 MGS-GMRES 求解线性方程组能够在 n 步之内得到后向稳定的解。虽然 MGS 的正交损失不能达到机器精度，相应的 GMRES 算法却是后向稳定的。回顾上述证明过程，可总结出 4 个关键点：

① 将$(\boldsymbol{b},\boldsymbol{A}\boldsymbol{V}_k)$看作整体，先分析最小二乘问题的稳定性；

② 利用前期成果，如定理 2.1、引理 4.8；

③ 引入$\tilde{\kappa}_F(\boldsymbol{B})$和式(4.26)，进而得到式(4.31)；

④ 提出式(4.42)，进而给出残差上限。

4.3.5 MGS-GMRES 与 HH-GMRES 的比较

在 PRS06 发表以前，即使数值仿真结果表明 MGS-GMRES 具有很强的稳定性，实际计算时也往往采用 HH-GMRES。德科索瓦(J. Drkosova)等人于 1995 年证明了 HH-GMRES 的稳定性。若用 HH-GMRES 求解线性方程组，且算法能够迭代到第 n 步，则在一定的假设条件下，有下式成立：

$$\frac{\|\boldsymbol{b}-\boldsymbol{A}\hat{\boldsymbol{x}}_n\|}{\|\boldsymbol{A}\|\|\hat{\boldsymbol{x}}_n\|+\|\boldsymbol{b}\|}\leqslant\mathcal{O}(n^{5/2})\varepsilon_u。$$

由此可知 HH-GMRES 是后向稳定的，详见德科索瓦等人的文章。算法 4.4 中，迭代开始时需要构建豪斯霍尔德向量

$$\boldsymbol{u}=\boldsymbol{P}_j\boldsymbol{P}_{j-1}\cdots\boldsymbol{P}_1\boldsymbol{v}_j,$$

然后计算 $\boldsymbol{P}_{j+1}$，最后构建基向量

$$\boldsymbol{v}_{j+1}=\boldsymbol{P}_1\boldsymbol{P}_2\cdots\boldsymbol{P}_{j+1}\boldsymbol{e}_{j+1}。$$

这些运算使得 HH-GMRES 的计算开销比 MGS-GMRES 更高，详见沃克 1988 年发表的文章。此外，基于格拉姆-施密特过程的 GMRES 算法更加适应高性能计算环境，详见第 5 章。因此，在 MGS-GMRES 的稳定性得到证明以后，HH-GMRES 很少被使用。

第 5 章　分块格拉姆-施密特过程

随着计算机硬件性能的提高,分块算法受到越来越多的关注。一方面,分块算法使用 BLAS 3 级运算,能够充分利用缓存;另一方面,分块算法将多个点积运算合并执行,可减少通信开销。在高性能的计算环境下,通信开销远超过计算开销,分块算法往往比传统算法更有效。本章介绍分块格拉姆-施密特过程。首先给出几种基本算法;然后对分块 MGS、分块 CGS2 和分块 CGS-P 做误差分析;最后介绍基于分块格拉姆-施密特过程的极小残差法。

5.1 基本算法

分块格拉姆-施密特过程,简记为 BGS,与前文介绍过的 CGS、MGS、重正交化等技术密不可分。给定矩阵$\mathscr{A}\in\mathbb{R}^{m\times n}$,其中 $m\geqslant n$,且秩为 n。计算列向量两两正交的矩阵$\mathscr{Q}\in\mathbb{R}^{m\times n}$和上三角矩阵$\mathscr{R}\in\mathbb{R}^{n\times n}$,使得$\mathscr{A}=\mathscr{Q}\mathscr{R}$。BGS 并不逐列计算,而是逐"列块"计算。迭代的每一步将若干列批量正交化,并生成相应的上三角元素。定义矩阵块 $\boldsymbol{A}_j\in\mathbb{R}^{m\times s}$,$\boldsymbol{Q}_j\in\mathbb{R}^{n\times s}$,$\boldsymbol{R}_{i,j}\in\mathbb{R}^{s\times s}$,其中 $n=ps$,$i,j=1,\cdots,p$,满足

$$\mathscr{A}=(\boldsymbol{A}_1,\cdots,\boldsymbol{A}_p),\quad \mathscr{Q}=(\boldsymbol{Q}_1,\cdots,\boldsymbol{Q}_p),\quad \mathscr{R}=\begin{pmatrix} R_{1,1} & \cdots & R_{1,p} \\ \vdots & & \vdots \\ R_{p,1} & \cdots & R_{p,p} \end{pmatrix}。$$

这里下标的含义与前文不同:$\boldsymbol{A}_j$、$\boldsymbol{Q}_j$表示第 j 个列块,$\boldsymbol{R}_{i,j}$表示位于第 i 行块和第 j 列块的矩阵。若 $i>j$,则 $\boldsymbol{R}_{i,j}=\boldsymbol{0}$;若 $i=j$,则 $\boldsymbol{R}_{j,j}$为上三角阵。BGS 每次计算 s 列,使得$\mathscr{A}_{1:j}=\mathscr{Q}_{1:j}\mathscr{R}_{1:j,1:j}$,其中 $\boldsymbol{A}_j=\boldsymbol{Q}_j\boldsymbol{R}_{j,j}$。这里$\mathscr{A}_{1:j}$、$\mathscr{Q}_{1:j}$表示由前 j 个列块组成的

矩阵，$\mathcal{R}_{1:j,1:j}$表示由左上方 $j\times j$ 个矩阵块组成的矩阵。故$\mathcal{A}_{1:j}$，$\mathcal{Q}_{1:j}\in\mathbb{R}^{n\times sj}$，$\mathcal{R}_{1:j,1:j}\in\mathbb{R}^{sj\times sj}$。

分块格拉姆-施密特过程分为两层：外层是“骨架”，负责处理列块与列块之间的正交化；内层是“肌肉”，负责将列块自身正交化。“骨架(skeleton)”和“肌肉(muscle)”的比喻最早出现在霍曼(M. Hoemmen)的博士论文中。基于算法 2.2，可构建分块 CGS 算法，简记为 BCGS。

算法 5.1　BCGS

for $j=1:p$

　$\mathcal{R}_{1:j-1,j}=\mathcal{Q}_{1:j-1}^{\mathrm{T}}\boldsymbol{A}_j$

　$\boldsymbol{W}=\boldsymbol{A}_j-\mathcal{Q}_{1:j-1}\mathcal{R}_{1:j-1,j}$

　$(\boldsymbol{Q}_j,\boldsymbol{R}_{j,j})=\mathrm{ortho}(\boldsymbol{W})$

end

可以看到，在循环内部，BCGS 只需三行代码，其中第一次循环只执行第三行。这里 ortho 是内层正交化函数，可用任意 QR 分解算法代替，例如 CGS、MGS、豪斯霍尔德算法等。由此可验证前文对 BGS 的描述：外层算法做整体正交化，内层算法做内部正交化。由算法 5.1 可看出，BGS 大量使用矩阵-矩阵乘法，因此它是 3 级算法，可有效利用缓存。与 BCGS 类似，可给出分块 MGS 算法，并简记为 BMGS。

算法 5.2　BMGS

for $j=1:p$

　$\boldsymbol{W}=\boldsymbol{A}_j$

　for $i=1:j-1$

　　$\boldsymbol{R}_{i,j}=\boldsymbol{Q}_i^{\mathrm{T}}\boldsymbol{W}$

　　$\boldsymbol{W}=\boldsymbol{W}-\boldsymbol{Q}_i\boldsymbol{R}_{i,j}$

　end

　$(\boldsymbol{Q}_j,\boldsymbol{R}_{j,j})=\mathrm{ortho}(\boldsymbol{W})$

end

重正交过程也可用来提高 BGS 的稳定性。卡韩的结论在分块算法中依然成立，即若矩阵的条件数不是很大，则仅需一次重正交过程，即可保证正交性达到机器精度。第 3 章曾介绍，CGS2 采用矩阵运算，因此比 MGS2 更实用。分块算法同理,这里不再介绍 BMGS 的重正交算法。巴罗(J. Barlow)和斯莫克图诺维奇于 2013 年深入研究了一种分块 CGS2 算法。由 BCGS 可得

$$\mathcal{R}_{1:j-1,j}^{(1)}=\mathcal{Q}_{1:j-1}^{\mathrm{T}}\boldsymbol{A}_j,\quad \boldsymbol{W}=\boldsymbol{A}_j-\mathcal{Q}_{1:j-1}\mathcal{R}_{1:j-1,j}^{(1)},\quad \boldsymbol{W}=\boldsymbol{Q}'_j\boldsymbol{R}_{j,j}^{(1)}。\tag{5.1a}$$

由于 BCGS 的不稳定性,此时 $\|\mathcal{Q}_{1:j-1}^{\mathrm{T}}\boldsymbol{Q}'_j\|$ 较大,正交性不好。因此需要重正交过程

$$\mathcal{R}_{1:j-1,j}^{(2)}=\mathcal{Q}_{1:j-1}^{\mathrm{T}}\boldsymbol{Q}'_j,\quad \boldsymbol{W}=\boldsymbol{Q}'_j-\mathcal{Q}_{1:j-1}\boldsymbol{R}_{1:j-1,j}^{(2)},\quad \boldsymbol{W}=\boldsymbol{Q}_j\boldsymbol{R}_{j,j}^{(2)}。\tag{5.1b}$$

根据第 3 章的经验,此时 $\|\mathcal{Q}_{1:j-1}^{\mathrm{T}}\boldsymbol{Q}_j\|$ 应该能够达到机器精度。结合式(5.1a)和式(5.1b),可得

$$\boldsymbol{A}_j=\mathcal{Q}_{1:j-1}(\mathcal{R}_{1:j-1,j}^{(1)}+\mathcal{R}_{1:j-1,j}^{(2)}\boldsymbol{R}_{j,j}^{(1)})+\boldsymbol{Q}_j\boldsymbol{R}_{j,j}^{(2)}\boldsymbol{R}_{j,j}^{(1)},$$

从而有

$$\mathcal{R}_{1:j-1,j}=\mathcal{R}_{1:j-1,j}^{(1)}+\mathcal{R}_{1:j-1,j}^{(2)}\boldsymbol{R}_{j,j}^{(1)},\quad \boldsymbol{R}_{j,j}=\boldsymbol{R}_{j,j}^{(2)}\boldsymbol{R}_{j,j}^{(1)}。$$

将该算法记为 BCGS2。

算法 5.3 BCGS2

$(\boldsymbol{Q}_1,\boldsymbol{R}_{1,1})=\mathrm{ortho}(\boldsymbol{A}_1)$

for $j=2:p$

  $\mathcal{R}_{1:j-1,j}^{(1)}=\mathcal{Q}_{1:j-1}^{\mathrm{T}}\boldsymbol{A}_j$

  $\boldsymbol{W}=\boldsymbol{A}_j-\mathcal{Q}_{1:j-1}\mathcal{R}_{1:j-1,j}^{(1)}$

  $(\boldsymbol{Q}'_j,\boldsymbol{R}_{j,j}^{(1)})=\mathrm{ortho}(\boldsymbol{W})$

  $\mathcal{R}_{1:j-1,j}^{(2)}=\mathcal{Q}_{1:j-1}^{\mathrm{T}}\boldsymbol{Q}'_j$

  $\boldsymbol{W}=\boldsymbol{Q}'_j-\mathcal{Q}_{1:j-1}\mathcal{R}_{1:j-1,j}^{(2)}$

  $(\boldsymbol{Q}_j,\boldsymbol{R}_{j,j}^{(2)})=\mathrm{ortho}(\boldsymbol{W})$

  $\mathcal{R}_{1:j-1,j}=\mathcal{R}_{1:j-1,j}^{(1)}+\mathcal{R}_{1:j-1,j}^{(2)}\boldsymbol{R}_{j,j}^{(1)}$

  $\boldsymbol{R}_{j,j}=\boldsymbol{R}_{j,j}^{(2)}\boldsymbol{R}_{j,j}^{(1)}$

end

值得注意的是,若令 $s=1$,则上述过程可简化成一种重正交 CGS 算法,与算法 3.2 形式不同,但满足相同的误差限。

除 CGS2 以外,第 3 章还介绍了 CGS-P,一种基于勾股定理的正交化算法。高维勾股定理可进一步扩展为分块形式。令 $\boldsymbol{X},\boldsymbol{Y},\boldsymbol{Z}\in\mathbb{R}^{n\times s}$,且均为满秩。易知,若 $\boldsymbol{X}=\boldsymbol{Y}+\boldsymbol{Z}$,且 $\boldsymbol{Y}$ 的像空间与 $\boldsymbol{Z}$ 的像空间正交,则

$$\boldsymbol{X}^{\mathrm{T}}\boldsymbol{X}=\boldsymbol{Y}^{\mathrm{T}}\boldsymbol{Y}+\boldsymbol{Z}^{\mathrm{T}}\boldsymbol{Z}。$$

该式是高维勾股定理的进一步扩展。若 $\boldsymbol{R}_X$、$\boldsymbol{R}_Y$、$\boldsymbol{R}_Z$ 分别表示 $\boldsymbol{X}$、$\boldsymbol{Y}$、$\boldsymbol{Z}$ 经 QR 分解得到的上三角阵，则有

$$\boldsymbol{R}_X^{\mathrm{T}}\boldsymbol{R}_X=\boldsymbol{R}_Y^{\mathrm{T}}\boldsymbol{R}_Y+\boldsymbol{R}_Z^{\mathrm{T}}\boldsymbol{R}_Z。$$

由此可给出 CGS-P 的分块算法，记作 BCGS-P。

算法 5.4　BCGS-P

$(\boldsymbol{Q}_1,\boldsymbol{R}_{1,1})=\mathrm{ortho}(\boldsymbol{A}_1)$

for $j=2:p$

$$\begin{pmatrix}\mathcal{R}_{1:j-1,j}\\ \boldsymbol{B}_j\end{pmatrix}=(\mathcal{Q}_{1:j-1},\boldsymbol{A}_j)^{\mathrm{T}}\boldsymbol{A}_j$$

$\boldsymbol{R}_{j,j}=\mathrm{chol}(\boldsymbol{B}_j-\mathcal{R}_{1:j-1,j}^{\mathrm{T}}\mathcal{R}_{1:j-1,j})$

$\boldsymbol{W}=\boldsymbol{A}_j-\mathcal{Q}_{1:j-1}\mathcal{R}_{1:j-1,j}$

$\boldsymbol{Q}_j=\boldsymbol{W}\boldsymbol{R}_{j,j}^{-1}$

end

这里 chol 是 Cholesky 分解函数，或称乔里斯基分解。根据勾股定理，chol 函数的输入矩阵具有对称正定性，因此分解结果也是存在且唯一的，详见戈卢布和范洛恩的著作 GVL13。Cholesky 分解由法国军官及数学家乔里斯基（A.-L. Cholesky）于二十世纪初提出，并由伯努瓦（E. Benoit）于 1924 年正式发表。

第 4 章曾介绍低同步算法，并在算法 4.5 展示了 LS-CGS2。相应地，可推导出分块低同步 CGS2，记作 LS-BCGS2。

算法 5.5　LS-BCGS2

$\boldsymbol{U}=\boldsymbol{A}_1$

for $j=2:p$

if $j=2$ then

$(\boldsymbol{R}_{j-1,j-1}^{\mathrm{T}}\boldsymbol{R}_{j-1,j-1},\boldsymbol{\Psi})=\boldsymbol{U}^{\mathrm{T}}(\boldsymbol{U},\boldsymbol{A}_j)$

else if $j>2$ then

$$\begin{pmatrix}\boldsymbol{W} & \boldsymbol{Z}\\ \boldsymbol{\Omega} & \boldsymbol{\Theta}\end{pmatrix}=(\boldsymbol{Q}_{1:j-2},\boldsymbol{U})^{\mathrm{T}}(\boldsymbol{U},\boldsymbol{A}_j)$$

$(\boldsymbol{R}_{j-1,j-1}^{\mathrm{T}}\boldsymbol{R}_{j-1,j-1},\boldsymbol{\Psi})=(\boldsymbol{\Omega},\boldsymbol{\Theta})-\boldsymbol{W}^{\mathrm{T}}(\boldsymbol{W},\boldsymbol{Z})$

end

$\boldsymbol{R}_{j-1,j}=\boldsymbol{R}_{j-1,j-1}^{-\mathrm{T}}\boldsymbol{\Psi}$

if $j=2$ then

$\boldsymbol{Q}_{j-1}=\boldsymbol{U}\boldsymbol{R}_{j-1,j-1}^{-1}$

else if j>2 then

$\mathcal{R}_{1:j-2,j-1}=\mathcal{R}_{1:j-2,j-1}+\boldsymbol{W}$

$\mathcal{R}_{1:j-2,j}=\boldsymbol{Z}$

$\boldsymbol{Q}_{j-1}=(\boldsymbol{U}-\mathcal{Q}_{1:j-2}\boldsymbol{W})\boldsymbol{R}_{j-1,j-1}^{-1}$

end

$\boldsymbol{U}=\boldsymbol{A}_j-\mathcal{Q}_{1:j-1}\mathcal{R}_{1:j-1,j}$

end

$\begin{pmatrix}\boldsymbol{W}\\ \boldsymbol{\Omega}\end{pmatrix}=(\mathcal{Q}_{1:p-1},\boldsymbol{U})^{\mathrm{T}}\boldsymbol{U}$

$\boldsymbol{R}_{p,p}^{\mathrm{T}}\boldsymbol{R}_{p,p}=\boldsymbol{\Omega}-\boldsymbol{W}^{\mathrm{T}}\boldsymbol{W}$

$\mathcal{R}_{1:p-1,p}=\boldsymbol{R}_{1:p-1,p}+\boldsymbol{W}$

$\boldsymbol{Q}_{p}=(U-\mathcal{Q}_{1:p-1}\boldsymbol{w})\boldsymbol{R}_{p,p}^{-1}$

注意到,算法 5.5 是对算法 4.5 的直接扩展,两者的不同点包括:

① 返回值为 $\boldsymbol{R}_{j-1,j-1}^{\mathrm{T}}\boldsymbol{R}_{j-1,j-1}$ 的运算需要做 Cholesky 分解,即调用 chol 函数;

② 与常量相除变为与三角阵(或其转置)的逆相乘;

③ 下标含义不同。

第 4 章中提到,存在基于 MGS 的低同步算法。相应地,可基于低同步 MGS 构建分块算法。这里不做介绍,详见卡森、兰德、罗兹洛兹尼克、托马斯于 2022 年发表的综述文章(简记为 CLRT22)。

5.2 BGS 的误差分析

目前,BGS 的误差分析还不完善,大量算法尚未有稳定性结论。由 BGS 可推导出相应的极小残差法,这些方法已在工程实践中得到应用,但同样缺少理论分析。本节对几种分块格拉姆-施密特算法的稳定性进行概述，详细证明过程可参阅提及的原始文献。

5.2.1 BMGS

分块 MGS(BMGS)的误差分析由加尔比(W. Jalby)和菲利普(B. Philippe)于 1991 年在文章中给出，该文章记作 JP91。此外，将比约克 1967 年发表的分析 MGS 误差的文章记作 Bjor67。加尔比和菲利普先基于 Bjor67 的结论，分析以 MGS 为内层算法的 BMGS 的误差；然后将内层算法替换为 MGS2，给出了更优的误差限。卡森等人在 CLRT22 中指出，只要内层算法无条件稳定，即正交损失达到机器精度，就有 JP91 中基于 MGS2 的稳定性结论成立。以下为 JP91 的证明思路。

算法 5.2 可表示为 $\boldsymbol{A}_j^{(i)}$ 不断向 $\boldsymbol{Q}_i$ 的正交补投影的过程，其中 $\boldsymbol{A}_j^{(i)}$ 代替 W，表示第 i 次投影前的矩阵，满足

$$\boldsymbol{A}_j^{(1)}=\boldsymbol{A}_j,\quad \boldsymbol{A}_j^{(i+1)}=\boldsymbol{P}_i\boldsymbol{A}_j^{(i)},\quad \boldsymbol{P}_i=\boldsymbol{I}-\boldsymbol{Q}_i\boldsymbol{Q}_i^{\mathrm{T}}。$$

在有限精度下，有下式成立：

$$\hat{\boldsymbol{A}}_j^{(1)}=\boldsymbol{A}_j,\quad \hat{\boldsymbol{A}}_j^{(i+1)}-\hat{\boldsymbol{Q}}_i(\hat{\boldsymbol{Q}}_i^{\mathrm{T}}\hat{\boldsymbol{A}}_j^{(i)})+\Delta\boldsymbol{A}_j^{(i+1)}。\tag{5.2a}$$

令 $\hat{\boldsymbol{P}}_i=\boldsymbol{I}-\hat{\boldsymbol{Q}}_i\hat{\boldsymbol{Q}}_i^{\mathrm{T}}$，$\boldsymbol{D}_i=\hat{\boldsymbol{Q}}_i^{\mathrm{T}}\hat{\boldsymbol{Q}}_i-\boldsymbol{I}$。能够证明，当 $\|\boldsymbol{D}_i\|$ 很小时，有

$$\|\Delta\boldsymbol{A}_j^{(i+1)}\|\leqslant c_j^{(i)}\varepsilon_{\mathrm{u}}\|\hat{\boldsymbol{A}}_j^{(i)}\|,\tag{5.2b}$$

其中 $c_j^{(i)}$ 是和矩阵规模有关的常数。分块投影结束后，矩阵块变为 $\hat{\boldsymbol{A}}_j^{(j)}$，此时需要调用 ortho 函数。这里假设内层算法是 MGS，借助 Bjor67 中的结论，计算结果可表示为

$$\hat{\boldsymbol{A}}_j^{(j)}+\Delta\boldsymbol{A}_j^{(j)}=\hat{\boldsymbol{Q}}_j\hat{\boldsymbol{R}}_{j,j},\quad \|\Delta\boldsymbol{A}_j^{(j)}\|\leqslant c_j^{(j)}\varepsilon_{\mathrm{u}}\|\hat{\boldsymbol{A}}_j^{(j)}\|。\tag{5.3}$$

对于完整迭代过程，令 $\mathscr{A}+\Delta\mathscr{A}=\hat{\mathscr{Q}}\hat{\mathscr{R}}$。不难看出，

$$\|\Delta\mathscr{A}\|_{\mathrm{F}}\leqslant\left(\sum_{j=1}^{p}\sum_{i=1}^{j}c_j^{(i)}\|\hat{\boldsymbol{A}}_j^{(i)}\|_{\mathrm{F}}\right)\varepsilon_{\mathrm{u}},$$

故

$$\mathscr{A}+\Delta\mathscr{A}=\hat{\boldsymbol{Q}}\hat{\boldsymbol{R}},\quad \|\Delta\mathscr{A}\|\leqslant c_1\varepsilon_{\mathrm{u}}\|\boldsymbol{A}\|_{\mathrm{F}},$$

即得到 BMGS 的残差上限，其中 c_k 同样是和矩阵规模有关的常数。

对于正交损失，首先令

$$C(j)=\|\hat{\boldsymbol{A}}_j^{(j)}\|_{\mathrm{F}}\|\boldsymbol{R}_{j,j}\|,\quad C=\max_{1\leqslant j\leqslant p}C(j),\quad U_j^{(i)}=\begin{cases}\hat{\boldsymbol{Q}}_i^{\mathrm{T}}\hat{\boldsymbol{Q}}_j, & 1\leqslant i<j\leqslant p,\\ \boldsymbol{0}, & 1\leqslant j\leqslant i\leqslant p_{\circ}\end{cases}$$

这里 $C(j)$ 是内层算法正交损失限的系数。再令

$$\boldsymbol{U}=\begin{pmatrix}\boldsymbol{U}_1^{(1)} & \cdots & \boldsymbol{U}_p^{(1)}\\ \vdots & & \vdots\\ \boldsymbol{U}_p^{(1)} & \cdots & \boldsymbol{U}_p^{(p)}\end{pmatrix},\quad \boldsymbol{D}=\begin{pmatrix}\boldsymbol{D}_1 & & \\ & \ddots & \\ & & \boldsymbol{D}_p\end{pmatrix}。$$

由 Bjor67 的结论可知，当以 MGS 为内层算法时，有 $\|\boldsymbol{D}\|\leqslant c_2C\varepsilon_{\mathrm{u}}$，其中 $C\leqslant\mathcal{O}(\kappa(\mathscr{A}))$。借助式(5.2)和式(5.3)，可证明

$$\|\boldsymbol{U}\hat{\mathscr{R}}\|_{\mathrm{F}}\leqslant(c_3C+c_4)\varepsilon_{\mathrm{u}}\|\mathscr{A}\|_{\mathrm{F}}。\tag{5.4}$$

另一方面，易知

$$\|\boldsymbol{I}-\hat{\mathscr{Q}}^{\mathrm{T}}\hat{\mathscr{Q}}\|\leqslant2\|\boldsymbol{U}\|+\|\boldsymbol{D}\|\leqslant2\|\boldsymbol{U}\hat{\mathscr{R}}\|_{\mathrm{F}}\|\hat{\mathscr{R}}^{-1}\|+c_2C\varepsilon_{\mathrm{u}}。\tag{5.5}$$

令 $\alpha=\|\mathscr{A}\|_{\mathrm{F}}\|\mathscr{R}^{-1}\|\varepsilon_{\mathrm{u}}$。为得到 $\|\hat{\mathscr{R}}^{-1}\|$ 的上限，再次借助 Bjor67 的结论

$$\hat{\mathscr{R}}^{\mathrm{T}}\hat{\mathscr{R}}=\mathscr{R}^{\mathrm{T}}(\boldsymbol{I}+\boldsymbol{F})\mathscr{R},\quad \|\hat{\mathscr{R}}\mathscr{R}^{-1}\|^2\leqslant1+\|\boldsymbol{F}\|,\tag{5.6}$$

其中 $\eta=\sqrt{1+\|\boldsymbol{F}\|}$ 满足

$$(1-c_2C\varepsilon_{\mathrm{u}})\eta^2-2\alpha(c_3C+c_4)\eta-1-2c_1\alpha-c_1^2\alpha^2\leqslant0。$$

解方程可得 $\|\boldsymbol{F}\|\leqslant\mathcal{O}(\varepsilon_{\mathrm{u}})$。由式(5.6)可得

$$\|\hat{\mathscr{R}}^{-1}\|^2\leqslant\|\mathscr{R}^{-1}\|^2\|(\boldsymbol{I}+\boldsymbol{F})^{-1}\|\leqslant(1+\mathcal{O}(\varepsilon_{\mathrm{u}}))\|\mathscr{R}^{-1}\|^2,$$

再结合式(5.4)和式(5.5)，可得

$$\|\boldsymbol{I}-\hat{\mathscr{Q}}^{\mathrm{T}}\hat{\mathscr{Q}}\|\leqslant c_5C\varepsilon_{\mathrm{u}}\|\mathscr{A}\|_{\mathrm{F}}\|\mathscr{R}^{-1}\|\leqslant c_6\varepsilon_{\mathrm{u}}\kappa(\mathscr{A})^2。\tag{5.7}$$

加尔比和菲利普观察到，若将内层正交化算法替换为 MGS2，则式(5.7)中的 C 可消去，即满足

$$\|\boldsymbol{I}-\hat{\mathscr{Q}}^{\mathrm{T}}\hat{\mathscr{Q}}\|\leqslant c_7\varepsilon_{\mathrm{u}}\kappa(\mathscr{A})。\tag{5.8}$$

巴罗在 2019 年的一篇文章中回顾 JP91，并将 BMGS 的内层算法替换为豪斯霍尔德 QR 分解。卡森等人在 CLRT22 中补充，若内层算法的正交损失达到机器精度，

则 BMGS 总有式(5.8)成立。

5.2.2　BCGS2

分块 CGS2(BCGS2)的误差分析由巴罗和斯莫克图诺维奇于 2013 年在文章中给出,该文章记作 BS13。分析过程假设内层函数无条件稳定,外层骨架如算法 5.3 所示。BS13 的证明逻辑是,先给出 $\|\boldsymbol{I}-\hat{\boldsymbol{Q}}_j^{\mathrm{T}}\hat{\boldsymbol{Q}}_j\|$ 和 $\|\hat{\boldsymbol{\mathcal{Q}}}_{1:j-1}^{\mathrm{T}}\hat{\boldsymbol{Q}}_j\|$ 的上限,再由此得到 $\|\boldsymbol{I}-\hat{\boldsymbol{\mathcal{Q}}}^{\mathrm{T}}\hat{\boldsymbol{\mathcal{Q}}}\|$ 的上限。原始证明过程较长,以下只概述证明思路。

首先,假设 $\|\boldsymbol{I}-\hat{\boldsymbol{\mathcal{Q}}}_{1:j-1}^{\mathrm{T}}\hat{\boldsymbol{\mathcal{Q}}}_{1:j-1}\|\leqslant c_1\varepsilon_{\mathrm{u}}\ll 1$,其中 c_k 表示与矩阵规模有关的常数。为方便叙述,将式(5.1a)和式(5.1b)的两个 $\boldsymbol{W}$ 分别记作 $\boldsymbol{W}^{(1)}$ 和 $\boldsymbol{W}^{(2)}$。容易得到,单步分块 CGS 满足如下关系:

$$\hat{\boldsymbol{\mathcal{R}}}_{1:j-1,j}^{(1)}+\Delta\boldsymbol{\mathcal{R}}_{1:j-1}^{(1)}=\hat{\boldsymbol{\mathcal{Q}}}_{1:j-1}^{\mathrm{T}}\boldsymbol{A}_j,\quad \|\Delta\boldsymbol{\mathcal{R}}_{1:j-1}^{(1)}\|\leqslant c_2\varepsilon_{\mathrm{u}}\|\boldsymbol{A}_j\|, \tag{5.9a}$$

$$\hat{\boldsymbol{W}}^{(1)}+\Delta\boldsymbol{W}^{(1)}=\boldsymbol{A}_j-\hat{\boldsymbol{\mathcal{Q}}}_{1:j-1}\hat{\boldsymbol{\mathcal{R}}}_{1:j-1,j}^{(1)},\quad \|\Delta\boldsymbol{W}^{(1)}\|\leqslant c_3\varepsilon_{\mathrm{u}}\|\boldsymbol{A}_j\|, \tag{5.9b}$$

$$\hat{\boldsymbol{Q}}_j'\hat{\boldsymbol{R}}_{j,j}^{(1)}=(\boldsymbol{I}-\hat{\boldsymbol{\mathcal{Q}}}_{1:j-1}\hat{\boldsymbol{\mathcal{Q}}}_{1:j-1}^{\mathrm{T}})\boldsymbol{A}_j+\boldsymbol{F}^{(1)},\quad \|\boldsymbol{F}^{(1)}\|\leqslant(\sqrt{2}c_2+c_3+c_4)\varepsilon_{\mathrm{u}}\|\boldsymbol{A}_j\|。 \tag{5.9c}$$

令 $c_F=\sqrt{2}c_2+c_3+c_4$。易知 $\|\boldsymbol{I}-\hat{\boldsymbol{\mathcal{Q}}}_{1:j-1}\hat{\boldsymbol{\mathcal{Q}}}_{1:j-1}^{\mathrm{T}}\|\leqslant 1$,进而有

$$\|\hat{\boldsymbol{R}}_{j,j}^{(1)}\|\leqslant(1+(c_F+c_4)\varepsilon_{\mathrm{u}})\|\boldsymbol{A}_j\|,$$

这里省去 BS13 中的高阶小量。另一方面,由式(5.9)可知,单步分块 CGS2 的计算结果满足

$$\hat{\boldsymbol{\mathcal{R}}}_{1:j-1,j}+\Delta\boldsymbol{\mathcal{R}}_{1:j-1,j}=\hat{\boldsymbol{\mathcal{R}}}_{1:j-1,j}^{(1)}+\hat{\boldsymbol{\mathcal{R}}}_{1:j-1,j}^{(2)}\hat{\boldsymbol{R}}_{j,j}^{(1)},\quad \|\Delta\boldsymbol{\mathcal{R}}_{1:j-1,j}\|\leqslant c_5\varepsilon_{\mathrm{u}}\|\boldsymbol{A}_j\|, \tag{5.10a}$$

$$\hat{\boldsymbol{R}}_{j,j}+\Delta\boldsymbol{R}_{j,j}=\hat{\boldsymbol{R}}_{j,j}^{(2)}\hat{\boldsymbol{R}}_{j,j}^{(1)},\ \|\Delta\boldsymbol{R}_{j,j}\|\leqslant c_6\varepsilon_{\mathrm{u}}\|\boldsymbol{A}_j\|。 \tag{5.10b}$$

接下来,BS13 证明,若满足

$$(\sqrt{2}(c_1+c_F)+\gamma_j c_6)\varepsilon_{\mathrm{u}}\|\boldsymbol{A}_j\|\,\|\hat{\boldsymbol{R}}_{j,j}^{-1}\|\leqslant\gamma_j, \tag{5.11a}$$

其中 $\gamma_j=(51j-50)^{-1/2}$,则有下式成立:

$$\|\hat{\boldsymbol{\mathcal{Q}}}_{1:j-1}^{\mathrm{T}}\hat{\boldsymbol{Q}}_j\|\leqslant 5c_F\varepsilon_{\mathrm{u}}, \tag{5.11b}$$

$$\| \boldsymbol{I}-\hat{\boldsymbol{Q}}_j^{\mathrm{T}}\hat{\boldsymbol{Q}}_j \| \leqslant c_4\varepsilon_{\mathrm{u}}。 \tag{5.11c}$$

为证明式(5.11),BS13 给出多个引理。假设式(5.11a)成立。首先,借助不等关系

$$|\sigma_l(\hat{\boldsymbol{R}}_{j,j})-\sigma_l(\hat{\boldsymbol{R}}_{j,j}^{(2)}\hat{\boldsymbol{R}}_{j,j}^{(1)})| \leqslant \sigma_1(\Delta\boldsymbol{R}_{j,j}) \leqslant c_6\varepsilon_{\mathrm{u}} \| \boldsymbol{A}_j \|,$$

其中 $l=1,2,\cdots,s$,能够得到

$$\sqrt{2}(c_1+\sqrt{2}c_2+c_3+c_4)\varepsilon_{\mathrm{u}} \| \boldsymbol{A}_j \| \leqslant \gamma_k\sigma_s(\hat{\boldsymbol{R}}_{j,j}^{(2)}\hat{\boldsymbol{R}}_{j,j}^{(1)}),$$

其中 $0<\gamma_k<1$ 且 γ_k 趋向于零。再由式(5.1b)、式(5.9c)和假设条件可知

$$\hat{\boldsymbol{Q}}_j\hat{\boldsymbol{R}}_{j,j}^{(2)}=(\boldsymbol{I}-\hat{\mathcal{Q}}_{1:j-1}\hat{\mathcal{Q}}_{1:j-1}^{\mathrm{T}})\hat{\boldsymbol{Q}}_j'+\boldsymbol{F}^{(2)}, \quad \| \boldsymbol{F}^{(2)} \| \leqslant \sqrt{2}c_F\varepsilon_{\mathrm{u}}, \tag{5.12}$$

进而能够推出

$$\| \hat{\mathcal{Q}}_{1:j-1}^{\mathrm{T}}\hat{\boldsymbol{Q}}_j \| \leqslant c_F\varepsilon_{\mathrm{u}}(\gamma_j^{-1} \| \hat{\mathcal{Q}}_{1:j-1}^{\mathrm{T}}\hat{\boldsymbol{Q}}_j'(\hat{\boldsymbol{R}}_{j,j}^{(2)})^{-1} \| +2 \| (\hat{\boldsymbol{R}}_{j,j}^{(2)})^{-1} \|)。$$

不难得到 $\| \hat{\mathcal{Q}}_{1:j-1}^{\mathrm{T}}\hat{\boldsymbol{Q}}_j'(\hat{\boldsymbol{R}}_{j,j}^{(2)})^{-1} \| \leqslant \gamma_j$,故只需给出 $\| (\hat{\boldsymbol{R}}_{j,j}^{(2)})^{-1} \|$ 的上限即可。而 BS13 进一步给出如下结论:

$$\| (\hat{\boldsymbol{R}}_{j,j}^{(2)})^{-1} \|^2(1-\xi)=1+ \| \hat{\mathcal{Q}}_{1:j-1}^{\mathrm{T}}\hat{\boldsymbol{Q}}_j'(\hat{\boldsymbol{R}}_{j,j}^{(2)})^{-1} \|,$$

其中 $|\xi| \leqslant (4(1+\sqrt{2})c_F+5c_4)\varepsilon_{\mathrm{u}}$,结合假设条件可得到 $\| (\hat{\boldsymbol{R}}_{j,j}^{(2)})^{-1} \| \leqslant 2$。于是,有式(5.11b)成立。由于内层算法无条件稳定,所以式(5.11c)也成立。联立式(5.9c)、式(5.10)、式(5.12)可推出

$$\| \boldsymbol{A}_j-\hat{\mathcal{Q}}_{1:j-1}\hat{\mathcal{R}}_{1:j-1,j}-\hat{\boldsymbol{Q}}_j\hat{\boldsymbol{R}}_{j,j} \| \leqslant (2c_3+(1+\sqrt{2})c_4+c_5+\sqrt{2}c_6)\varepsilon_{\mathrm{u}} \| \boldsymbol{A}_j \|。 \tag{5.13}$$

误差限(5.11)和(5.13)可分别看作单步 BCGS2 的正交损失限和残差限。然后可借鉴吉罗等人在 GLRV05 中的分析过程,用归纳法得到完整 BCGS2 的正交损失限和残差限。第 3 章已有介绍,这里不再详述。最后所得结论如下:

$$\| \boldsymbol{I}-\hat{\mathcal{Q}}_{1:j}^{\mathrm{T}}\hat{\mathcal{Q}}_{1:j} \| \leqslant c_1\varepsilon_{\mathrm{u}},$$

$$\| \mathcal{A}_{1:j}-\hat{\mathcal{Q}}_{1:j}\hat{\mathcal{R}}_{1:j,1:j} \| \leqslant c_7\varepsilon_{\mathrm{u}} \| \mathcal{A}_{1:j} \|,$$

其中 $j=1,2,\cdots,p$。这里 c_1 和 c_7 实际上是与 j 有关的变量,推导过程中的其他系数也都没有展开处理。关于系数的表达式和完整的证明过程,详见 BS13。

由此可看出,早期的研究成果对新的研究有启发作用。BP92 中的豪斯霍尔德变换与 MGS 的等价关系被 PRS06 使用,并证明了 MGS-GMRES 的稳定性;JP91

利用 Bjor67 的结论，给出了 BMGS 的误差分析；本小节 BS13 的证明过程参考了 GLRV05 的思路，先得到单步结论，再由归纳法得到最终结果。此外，当传统算法转变为分块算法时，误差分析的主体思路往往变化不大。

5.2.3　BCGS-P

由第 3 章的分析可猜测，BCGS-P 应该比 BCGS 更稳定。事实上，BCGS 的正交损失尚未得到证明，但数值实验表明其稳定性较差，见 CLRT22 的第 3 小节。2021 年，卡森、兰德、罗兹洛兹尼克在一篇文章（记作 CLR21）中给出了 BCGS-P 的误差分析。首先，假设如下条件成立：

$$\mathcal{O}(\varepsilon_{\mathrm{u}})\kappa(\mathcal{A})^2\leqslant\frac{1}{2}。$$

在此基础上，CLR21 证明，若有

$$\hat{\mathcal{R}}_{1:j,1:j}^{\mathrm{T}}\hat{\mathcal{R}}_{1:j,1:j}=\mathcal{A}_{1:j}^{\mathrm{T}}\mathcal{A}_{1:j}+\Delta\mathcal{C}_{1:j},\quad \|\Delta\mathcal{C}_{1:j}\|\leqslant\mathcal{O}(\varepsilon_{\mathrm{u}})\|\mathcal{A}_{1:j}\|^2,\tag{5.14a}$$

$$\mathcal{A}_{1:j}+\Delta\mathcal{A}_{1:j}=\hat{\mathcal{Q}}_{1:j}\hat{\mathcal{R}}_{1:j},\quad \|\Delta\mathcal{A}_{1:j}\|\leqslant\mathcal{O}(\varepsilon_{\mathrm{u}})(\|\mathcal{A}_{1:j}\|+\|\hat{\mathcal{Q}}_{1:j}\|\|\hat{\mathcal{R}}_{1:j}\|),\tag{5.14b}$$

则下式成立：

$$\|\boldsymbol{I}-\hat{\mathcal{Q}}_{1:j}^{\mathrm{T}}\hat{\mathcal{Q}}_{1:j}\|\leqslant\frac{\mathcal{O}(\varepsilon_{\mathrm{u}})\kappa(\mathcal{A}_{1:j})^2}{1-\mathcal{O}(\varepsilon_{\mathrm{u}})\kappa(\mathcal{A}_{1:j})^2},\tag{5.15a}$$

$$\|\hat{\mathcal{Q}}_{1:j}\|\leqslant\frac{1+\mathcal{O}(\varepsilon_{\mathrm{u}})\kappa(\mathcal{A}_{1:j})^2}{1-\mathcal{O}(\varepsilon_{\mathrm{u}})\kappa(\mathcal{A}_{1:j})^2}\leqslant 3,\tag{5.15b}$$

$$\|\Delta\mathcal{A}_{1:j}\|\leqslant\mathcal{O}(\varepsilon_{\mathrm{u}})\|\mathcal{A}_{1:j}\|。\tag{5.15c}$$

注意到式(5.15a)为正交损失限，故只需证明式(5.14)成立即可。然后，CLR21 利用归纳法证明了该结论。事实上，CLR21 提出了两种 BCGS-P 算法，将算法 5.4 稍作变换即可得到另一种算法。算法 5.4 主要基于

$$\boldsymbol{A}_j^{\mathrm{T}}\boldsymbol{A}_j=\boldsymbol{W}^{\mathrm{T}}\boldsymbol{W}+\mathcal{R}_{1:j-1,j}^{\mathrm{T}}\mathcal{R}_{1:j-1,j},$$

且有 $\boldsymbol{W}$ 的像空间与 $\mathcal{R}_{1:j-1,j}$ 的像空间正交。若对 $\boldsymbol{A}_j$ 和 $\mathcal{R}_{1:j-1,j}$ 做 QR 分解，分别得到上三角阵 $\boldsymbol{T}_j$ 和 $\boldsymbol{P}_j$，则有

$$\boldsymbol{R}_{j,j}=\mathrm{chol}(\boldsymbol{T}_j^{\mathrm{T}}\boldsymbol{T}_j-\boldsymbol{P}_j^{\mathrm{T}}\boldsymbol{P}_j),$$

于是得到另一种 BCGS-P 算法。CLR21 证明，只要内层正交化算法满足

$$\hat{\boldsymbol{R}}_{j,j}^{\mathrm{T}}\hat{\boldsymbol{R}}_{j,j}=\boldsymbol{A}_j^{\mathrm{T}}\boldsymbol{A}_j+\Delta\boldsymbol{C}_j,\quad \|\Delta\boldsymbol{C}_j\|\leqslant\mathcal{O}(\varepsilon_{\mathrm{u}})\|\boldsymbol{A}_j\|^2,\tag{5.16a}$$

$$A_j+\Delta A_j=\hat{Q}_j\hat{R}_{j,j},\quad \|\Delta A_j\|\leqslant\mathcal{O}(\varepsilon_u)(\|A_j\|+\|\hat{Q}_j\|\ \|\hat{R}_{j,j}\|),\tag{5.16b}$$

就有式(5.14)成立。而前文提过的 MGS、Cholesky QR、豪斯霍尔德 QR 等算法，均满足式(5.16)，故式(5.14)和式(5.15)成立。整理可得

$$\|I-\hat{\mathcal{Q}}^{\mathrm{T}}\hat{\mathcal{Q}}\|\leqslant\mathcal{O}(\varepsilon_u)\kappa(\mathcal{A})^2,$$

$$\mathcal{A}+\Delta\mathcal{A}=\hat{\mathcal{Q}}\hat{\mathcal{R}},\ \|\Delta\mathcal{A}\|\leqslant\mathcal{O}(\varepsilon_u)\|\mathcal{A}\|。$$

两种 BCGS-P 算法均满足上式，其中包括算法 5.4。可以看到，BCGS-P 的正交损失限与 CGS-P 的正交损失限在形式上类似。卡森等人在 CLR21 中给出了详细的证明过程。

5.3 基于 BGS 的极小残差法

在缓存和通信层面，逐块运算要比逐列运算效率更高。这使得基于 BGS 的极小残差法也具有潜在的性能优势。在文献中，经常用分块 GMRES 表示维塔尔(B. Vital)在其博士论文中提出的方法，详见西蒙奇尼(V. Simoncini)和加洛波罗斯(E. Gallopoulos)于 1995 年发表的文章。萨阿德在其著作 Saad03 中介绍了具体的分块 Arnoldi 算法，这类方法主要用来求解多右端线性方程组，即

$$AX=B,$$

其中 B 不再是式(4.1)中的向量，而是包含若干列的矩阵。本节不介绍这类方法，读者若有兴趣，可参阅萨阿德的著作。

对于大型稀疏线性方程组求解问题，s 步方法在最近几年受到关注，且在数值实验中表现良好。基于极小残差法的 s 步算法被称为 s 步 GMRES，简记为 s-GMRES。该算法的本质是基于 BCGS 实现极小残差法，且内层正交化过程使用高瘦 QR 算法，简记为 TSQR(tall-skinny QR)。TSQR 兼具并行性和稳定性，用于对行数远大于列数的矩阵做 QR 分解。因此，s-GMRES 又可记作 BCGS-TSQR-GMRES。由于该记法过于冗长，后文仍采用 s-GMRES。本节主要介绍该算法。

2012 年，戴莫尔(J. Demmel)等人发表文章，对 TSQR 做了详细分析；也可参阅霍曼 2010 年的博士论文。令 $W_s\in\mathbb{R}^{n\times s}$，其中 $n\gg s$。对这类高瘦矩阵做 QR 分解，可先将 W_s 划分成多个行块，再对各个行块分别做 QR 分解，即

$$\boldsymbol{W}_s=\begin{pmatrix}\boldsymbol{W}_{s,1}\\ \vdots \\ \boldsymbol{W}_{s,v_0}\end{pmatrix}=\begin{pmatrix}\boldsymbol{Q}_1^{(0)}\boldsymbol{R}_1^{(0)}\\ \vdots \\ \boldsymbol{Q}_{v_0}^{(0)}\boldsymbol{R}_{v_0}^{(0)}\end{pmatrix}=\begin{pmatrix}\boldsymbol{Q}_1^{(0)} & & \\ & \ddots & \\ & & \boldsymbol{Q}_{v_0}^{(0)}\end{pmatrix}\begin{pmatrix}\boldsymbol{R}_1^{(0)}\\ \vdots \\ \boldsymbol{R}_{v_0}^{(0)}\end{pmatrix},$$

其中 $\boldsymbol{v}_0$ 表示划分的块数。块的大小可能不同,但要保证每块的行数都大于 s。上式为初始化步骤,注意到最右端的矩阵由上三角阵纵向拼接而成。下面将 $\boldsymbol{R}_i^{(0)}$ 两两拼接在一起,做 QR 分解,然后依此类推,于是有

$$\begin{pmatrix}\boldsymbol{R}_1^{(0)}\\ \boldsymbol{R}_2^{(0)}\end{pmatrix}=\boldsymbol{Q}_1^{(1)}\boldsymbol{R}_1^{(1)},\quad \begin{pmatrix}\boldsymbol{R}_3^{(0)}\\ \boldsymbol{R}_4^{(0)}\end{pmatrix}=\boldsymbol{Q}_2^{(1)}\boldsymbol{R}_2^{(1)},\quad \begin{pmatrix}\boldsymbol{R}_1^{(1)}\\ \boldsymbol{R}_2^{(1)}\end{pmatrix}=\boldsymbol{Q}_1^{(2)}\boldsymbol{R}_1^{(2)},$$

其中 $\boldsymbol{R}_i^{(j)}\in\mathbb{R}^{s\times s}$。由此可定义

$$\boldsymbol{Q}^{(j)}=\begin{pmatrix}\boldsymbol{Q}_1^{(j)} & & \\ & \ddots & \\ & & \boldsymbol{Q}_{v_j}^{(j)}\end{pmatrix},\quad \boldsymbol{R}^{(j)}=\begin{pmatrix}\boldsymbol{R}_1^{(j)}\\ \vdots \\ \boldsymbol{R}_{v_j}^{(j)}\end{pmatrix},$$

其中 $v_j=\lceil v_{j-1}/2\rceil, j=1,2,\cdots,\lceil\log_2 v_0\rceil$。若 v_{j-1} 为奇数,则 $\boldsymbol{Q}_{v_j}^{(j)}=\boldsymbol{I},\boldsymbol{R}_{v_j}^{(j)}=\boldsymbol{R}_{v_{j-1}}^{(j-1)}$。也就是说,TSQR 不断拼接 $\boldsymbol{R}_i^{(j)}$,做 QR 分解,直到 $j=\lceil\log_2 v_0\rceil$。故 $\boldsymbol{Q}^{(\lceil\log_2 v_0\rceil)}=\boldsymbol{Q}_1^{(\lceil\log_2 v_0\rceil)},\boldsymbol{R}^{(\lceil\log_2 v_0\rceil)}=\boldsymbol{R}_1^{(\lceil\log_2 v_0\rceil)}$。若将 $\boldsymbol{W}_s$ 的 QR 分解记作 $\boldsymbol{W}_s=\boldsymbol{V}_s\boldsymbol{T}_s$,则有

$$\boldsymbol{V}_s=\boldsymbol{Q}^{(0)}\boldsymbol{Q}^{(1)}\cdots\boldsymbol{Q}^{(\log_2 v_0)},\boldsymbol{T}_s=\boldsymbol{R}^{(\lceil\log_2 v_0\rceil)}。\tag{5.17}$$

算法 5.6　TSQR

for $i=1:v_0$

　$(\boldsymbol{Q}_i^{(0)},\boldsymbol{R}_i^{(0)})=\text{ortho}(\boldsymbol{W}_{s,i})$

end

for $j=1:\lceil\log_2 v_0\rceil$

　　$\tilde{v}_j=v_{j-1}/2, v_j=v_{j-1}/2$

　for $i=1:\tilde{v}_j$

　　$(\boldsymbol{Q}_i^{(j)},\boldsymbol{R}_i^{(j)})=\text{ortho}\begin{pmatrix}\boldsymbol{R}_{2i-1}^{(j-1)}\\ \boldsymbol{R}_{2i}^{(j-1)}\end{pmatrix}$

　end

　if $v_j\neq\tilde{v}_j$ then

$\boldsymbol{Q}_{v_j}^{(j)}=\boldsymbol{I},\boldsymbol{R}_{v_j}^{(j)}=\boldsymbol{R}_{v_{j-1}}^{(j-1)}$

end

end

值得注意的是，TSQR 需要对行块做 QR 分解，因此又要用到内层正交化算法。一般来说，内层算法采用豪斯霍尔德 QR 分解，这样可保证 TSQR 的正交损失达到机器精度。

算法 5.6 会嵌入到 BCGS 中，进而嵌入到 s-GMRES 中。也就是说，正交化过程的最外层是 BCGS，然后是 TSQR，最后一层是豪斯霍尔德变换。由式(5.17)可知，$\boldsymbol{V}_s$ 的列向量是 $\boldsymbol{W}_s$ 像空间的标准正交基。令$\mathcal{V}_{js}\in\mathbb{R}^{n\times js}$。将 BCGS 每步生成的 $\boldsymbol{V}_s$ 存放在$\mathcal{V}_{js}$中。回顾式(4.11)，令$\mathcal{H}_{js}\in\mathbb{R}^{js\times js}$和$\mathcal{H}_{js}\in\mathbb{R}^{(js+1)\times js}$为上海森伯格矩阵，使得

$$\boldsymbol{A}\mathcal{V}_{js}=\mathcal{V}_{js+1}\bar{\mathcal{H}}_{js},\tag{5.18}$$

其中$\mathcal{V}_{js+1}$由$\mathcal{V}_{js}$和新生成的基向量组成。应注意下标含义与前几节不同。若已知$\mathcal{V}_{(j-1)s}$，需要处理 $\boldsymbol{W}_s$，则 BCGS 的分块投影过程可先写作

$$\mathcal{R}_s=\mathcal{V}_{(j-1)s}^{\mathrm{T}}\boldsymbol{W}_s,\quad \boldsymbol{W}_s=\boldsymbol{W}_s-\mathcal{V}_{(j-1)s}\mathcal{R}_s;$$

然后用 TSQR 计算 $\boldsymbol{W}_s=\boldsymbol{V}_s\boldsymbol{T}_s$，从而得到$\mathcal{V}_{js}=(\mathcal{V}_{(j-1)s},\boldsymbol{V}_s)$；再选择下一个 $\boldsymbol{W}_s$，重复前面的步骤。观察式(5.18)，注意到每步迭代开始时 $\boldsymbol{v}_1$ 是已知的，因此实际计算时可将下标“平移”，例如

$$\boldsymbol{W}_s=(\boldsymbol{w}_1,\boldsymbol{w}_2,\cdots,\boldsymbol{w}_s),\quad \acute{\boldsymbol{W}}_s=(\boldsymbol{w}_2,\boldsymbol{w}_3,\cdots,\boldsymbol{w}_{s+1}),$$

其中尖音符号表示向右平移一个向量。故

$$\acute{\mathcal{R}}_s=\mathcal{V}_{(j-1)s+1}^{\mathrm{T}}\acute{\boldsymbol{W}}_s,\quad \acute{\boldsymbol{W}}_s=\acute{\boldsymbol{W}}_s-\mathcal{V}_{(j-1)s+1}\acute{\mathcal{R}}_s。$$

矩阵 $\acute{\boldsymbol{V}}_s$、$\acute{\boldsymbol{T}}_s$ 有类似定义。

由前文可看出，要先生成 $\boldsymbol{W}_s$，才可进行下一步计算。一个基本方法是，用矩阵 $\boldsymbol{A}$ 不断与初始向量相乘，进而得到

$$\boldsymbol{W}_s=(\boldsymbol{w}_1,\boldsymbol{A}\boldsymbol{w}_1,\cdots,\boldsymbol{A}^{s-1}\boldsymbol{w}_1),\tag{5.19}$$

该矩阵满足 $\boldsymbol{A}\boldsymbol{W}_s=\acute{\boldsymbol{W}}_s$。令

$$\overline{\boldsymbol{B}}_s = \begin{pmatrix} \lambda_1 & & \\ 1 & \ddots & \\ & \ddots & \lambda_s \\ & & 1 \end{pmatrix} \in \mathbb{R}^{(s+1)\times s},$$

则当 $\lambda_1 = \cdots = \lambda_s = 0$ 时，有 $\boldsymbol{AW}_s = \boldsymbol{W}_{s+1}\overline{\boldsymbol{B}}_s$。将式(5.19)称为单项式基(monomial basis)。单项式基在数值意义上线性相关性很强，所得算法是不稳定的。若改用牛顿多项式，则线性相关性会减弱很多，所得结果称为牛顿基(Newton basis)，定义如下：

$$\boldsymbol{W}_s = \left(\boldsymbol{w}_1, (\boldsymbol{A} - \lambda_1 \boldsymbol{I})\boldsymbol{w}_1, \cdots, \prod_{i=1}^{s-1} (\boldsymbol{A} - \lambda_i \boldsymbol{I})\boldsymbol{w}_1\right), \tag{5.20}$$

其中 λ_i 为海森伯格矩阵的特征值。此时，$\boldsymbol{AW}_s = \boldsymbol{W}_{s+1}\overline{\boldsymbol{B}}_s$ 依然成立。此外还可采用切比雪夫基(Chebyshev basis)。关于 $\overline{\boldsymbol{B}}_s$ 的选择以及 $\boldsymbol{W}_s$ 的计算，详见霍曼的博士论文。

结合 $\boldsymbol{W}_s = \boldsymbol{V}_s\boldsymbol{T}_s$、$\boldsymbol{AW}_s = \boldsymbol{W}_s\overline{\boldsymbol{B}}_s$ 和式(4.11b)，容易得到 $\overline{\boldsymbol{H}}_s = \boldsymbol{T}_{s+1}\overline{\boldsymbol{B}}_s\boldsymbol{T}_s^{-1}$。于是，式(5.18)的海森伯格矩阵也可表示成类似的形式

$$\overline{\mathscr{H}}_{js} = \mathscr{T}_{js+1}\overline{\mathscr{B}}_{js}\mathscr{T}_{js}^{-1},$$

其中

$$\overline{\mathscr{B}}_{js} = \begin{pmatrix} \mathscr{H}_{(j-1)s} & \boldsymbol{0} \\ \eta \boldsymbol{e}_1 \boldsymbol{e}_{(j-1)s}^{\mathrm{T}} & \overline{\boldsymbol{B}}_s \end{pmatrix}, \quad \mathscr{T}_{js+1} = \begin{pmatrix} \boldsymbol{I}_{(j-1)s+1} & \acute{\mathscr{R}}_s \\ \boldsymbol{0} & \acute{\boldsymbol{T}}_s \end{pmatrix}。$$

这里 $\boldsymbol{e}_i$ 表示单位矩阵的第 i 列，η 是$\overline{\mathscr{H}}_{(j-1)s}$最后一列的最后一个元素。

算法 5.7　s-GMRES

$\beta = \|\boldsymbol{r}_0\|$，$\boldsymbol{w}_1 = \boldsymbol{r}_0/\beta$

for $j = 1:k$

　$\acute{\boldsymbol{W}}_s = (\boldsymbol{w}_2, \cdots, \boldsymbol{w}_{s+1})$

　if j=1 then

　　$(\boldsymbol{V}_{s+1}, \boldsymbol{T}_{s+1}) = \mathrm{TSQR}(\boldsymbol{W}_{s+1})$

　　$\overline{\boldsymbol{H}}_s = \boldsymbol{T}_{s+1}\overline{\boldsymbol{B}}_s\boldsymbol{T}_s^{-1}$

$$\mathcal{V}_{s+1}=\boldsymbol{V}_{s+1},\bar{\mathcal{H}}_s=\bar{\boldsymbol{H}},\bar{\mathcal{B}}_s=\bar{\boldsymbol{B}}_s$$

else

$$\acute{\mathcal{R}}_s=\mathcal{V}_{(j-1)s+1}^{\mathrm{T}}\acute{\boldsymbol{W}}_s$$

$$\acute{\boldsymbol{W}}_s=\acute{\boldsymbol{W}}_s-\mathcal{V}_{(j-1)s+1}\acute{\mathcal{R}}_s$$

$$(\acute{\boldsymbol{V}}_s,\acute{\boldsymbol{T}}_s)=\mathrm{TSQR}(\acute{\boldsymbol{W}}_s)$$

$$\bar{\mathcal{B}}_{js}=\begin{pmatrix}\mathcal{H}_{(j-1)s} & \boldsymbol{0}\\ \eta\boldsymbol{e}_1\boldsymbol{e}_{(j-1)s}^{\mathrm{T}} & \bar{\boldsymbol{B}}_s\end{pmatrix},\mathcal{T}_{js+1}=\begin{pmatrix}\boldsymbol{I}_{(j-1)s+1} & \acute{\mathcal{R}}_s\\ \boldsymbol{0} & \acute{\boldsymbol{T}}_s\end{pmatrix}$$

$$\bar{\mathcal{H}}_{js}=\mathcal{T}_{js+1}\bar{\mathcal{B}}_{js}\mathcal{T}_{js}^{-1},\mathcal{V}_{js+1}=(\mathcal{V}_{(j-1)s+1},\acute{\boldsymbol{V}}_s)$$

end

end

$$\boldsymbol{y}_{ks}=\arg\min_{\boldsymbol{y}}\|\beta\boldsymbol{e}_1-\bar{\mathcal{H}}_{ks}\boldsymbol{y}\|$$

$$\boldsymbol{x}_{ks}=\boldsymbol{x}_0+\mathcal{V}_{ks}\boldsymbol{y}_{ks}$$

算法5.7中，海森伯格矩阵$\bar{\mathcal{H}}_{js}$的计算还可进一步简化，这里不再介绍。具体的实现细节以及其他算法变体，可参阅霍曼2010年的博士论文。

回到式(5.19)和式(5.20)。在通信开销方面，若充分考虑矩阵结构，则可进一步优化$\boldsymbol{W}_s$的构建过程。以单项式基为例，每次矩阵-向量乘法$\boldsymbol{A}\boldsymbol{w}_j$都需要进行同步，因为在分布式环境下，矩阵$\boldsymbol{A}$会被划分到不同存储空间。如果在计算开始时考虑$\boldsymbol{A}$的结构，并在本地存储冗余数据，使得本地数据建立起连续多步乘法运算所需的数据依赖关系，那么本地计算量会增加，但数据传递会减少。若数据冗余足够多，则可令s步之内无须通信，此时$\boldsymbol{W}_s$的构建过程记作MPK(Matrix Powers Kernel)。当通信开销远大于计算开销时，这种策略会提高计算效率；缺点是计算和存储开销可能显著增大，使得计算节点无法承受。

大型线性方程组往往来源于物理问题仿真，经过网格剖分后所得矩阵一般是稀疏的。若采用区域分解法，则可在划分时为各区域多分几层数据。此外，对网格点或方程组进行合理排序可减轻数据依赖。BCGS本身不稳定，即使采用牛顿基，s也不能太大。当s较小时，采用MPK过程可能比普通的基构建过程更有效。文献中经常将采用MPK的s步算法称为通信避免(CA，Communication-Avoiding)

算法，故可将使用 MPK 的 s-GMRES 记作 CA-GMRES。有时也将 s-GMRES 和 CA-GMRES 视为同一种算法，或将其他高性能算法也归为通信避免算法。这里不再介绍其他算法，详见霍曼的博士论文、斯沃多维奇等人 2021 年发表的文章，以及卡森等人的 CLR21 和 CLRT22。

最后，和其他 GMRES 算法一样，s-GMRES 的计算和存储开销会不断增大，因此一般采用重启策略，相应算法可记作 s-GMRES(k)。

第6章 总结与展望

格拉姆-施密特过程在线性方程组求解、特征值计算、最小二乘问题中应用广泛。本书对 CGS、MGS、重正交化、极小残差法、分块算法的误差分析做了介绍，对证明过程用到的其他算法也分别在有限精度下进行了分析。其中，极小残差法和分块算法的相关理论目前还在发展，特别是面向高性能计算的算法，相关的理论分析还很少。

前文已在相应章节给出必要的参考文献，本章对此进行归纳。Gram 和 Schmidt 的两篇文章均为德语。1907 年 Schmidt 的文章发表以后，格拉姆-施密特过程逐渐流行。2013 年，Leon、Bjorck、Gander 概述了格拉姆-施密特过程在 2010 年以前的发展。Carson、Lund、Rozloznik 等于 2022 年介绍了分块格拉姆-施密特过程到 2021 年为止的研究现状。矩阵分析的基础知识可参阅 2013 年再版的两本著作，其中 Golub 和 Van Loan 的著作是一本被广泛采用的教材，而 Horn 和 Johnson 的著作对概念的介绍更加深入。Wilkinson 的文章和著作对矩阵误差分析的发展起到重要作用。Higham 于 2002 年再版的著作也是矩阵误差分析的重要工具。

关于 CGS 和 MGS 的稳定性，Rice 于 1966 年通过数值实验观察到，CGS 和 MGS 都能得到残差较小的结果，但 CGS 的正交损失较大。Bjorck 给出了 MGS 的误差分析，成果发表于 1967 年。后来，豪斯霍尔德变换与 MGS 的等价关系被观察到。基于该结果，Bjorck 和 Paige 于 1992 年重新给出 MGS 的稳定性证明。Higham 在其著作的第 19 章对该证明做了精化。

对于重正交化，Parlett 在其著作中引用了 William M. Kahan 对格拉姆-施密特过程的分析结论：若矩阵的条件数不是很大，则仅需一次重正交过程，即可保证两个向量的正交性达到机器精度。该结果被精妙地总结为“twice is enough”。1971 年，Abdelmalek 给出 CGS2 的稳定性证明；Giraud、Langou、Rozloznik 于 2005 年对假设条件和证明过程做了改进；在此期间，Daniel、Hoffmann、Ruhe 等人对类似方法进行了研究。另一方面，Smoktunowicz、Barlow、Langou 于 2006 年对 CGS-P 做了误差分析。

在数值代数中，格拉姆-施密特过程受到关注，很大程度上是由于 MGS-GMRES 及相关算法在工程实践中的广泛应用。MGS-GMRES 是第一个 GMRES 算法，也是最著名的一个，由 Saad 和 Schultz 于 1986 年正式发表。此外，Walker 于 1988 年基于豪斯霍尔德变换提出 HH-GMRES。两个算法均在正式发表的 3 年前就以报告的形式为人所知。GMRES 以及迭代方法的早期成果可参阅 Saad 于 2003 年出版的著作；2003 年以后的成果和观点可参阅 Liesen 和 Strakos 于 2013 年出版的著作，以及 Meurant 和 Duintjer Tebbens 于 2020 年出版的著作。HH-GMRES 的稳定性由 Drkosova、Greenbaum、Rozloznik 等于 1995 年证明。1997 年，Greenbaum、Rozloznik、Strakos 观察到 MGS-GMRES 是数值稳定的。为证明该结论，Paige、Rozloznik、Strakos 进行长期合作，最终于 2006 年发表了 MGS-GMRES 的稳定性证明。在此期间，Giraud、Langou、Liesen 等人的研究对此起到推动作用。

1991 年，Jalby 和 Philippe 给出了 BMGS 的误差分析，Carson、Lund、Rozloznik 等于 2022 年对该结论做了补充。2008 年，Stewart 提出了一种特殊的选择性重正交 CGS 算法，以及相应的分块算法，Carson 等人给出了这两种算法完整的 MATLAB 代码。Hoemmen 在其博士论文中综述了 QR 算法 2010 年以前的发展现状，并详细介绍了 s-GMRES 和多项式基。2013 年，Barlow 和 Smoktunowicz 研究了 BCGS2 并给出误差分析。2019 年，Barlow 研究了低同步 MGS 算法及其分块算法，并给出误差分析。Carson、Lund、Rozloznik 于 2021 年分析了两种基于分块勾股定理的 BCGS 算法。此外，分块格拉姆-施密特过程与分块 GMRES 方法密切相关，可参阅 Simoncini 和 Gallopoulos 于 1995 年和 1996 年发表的文章、Saad 的著作、Morgan 于 2005 年发表的文章，以及 Baker、Dennis、Jessup 于 2006 年发表的文章。

2021 年，Swirydowicz、Langou、Ananthan 等研究了若干低同步算法，Carson

等人归纳了相应的分块算法，这些分块算法的误差分析尚不完善。近些年来，混合精度(mixed-precision)算法较为流行。2015 年，Yamazaki、Tomov、Dongarra 分析了混合精度 Cholesky QR 算法。2021 年，Yang、Fox、Sanders 研究了混合精度豪斯霍尔德 QR 算法及其分块算法。混合精度 GMRES 算法和基于 GMRES 的迭代精化(iterative refinement)过程也受到关注，可参阅 Abdelfattah 等人于 2021 年发表的综述文章。此外，与格拉姆-施密特过程相关的随机算法也已出现；关于随机算法，可参阅 Martinsson 和 Tropp 于 2020 年发表的综述文章。

在 E 级、10E 级的高性能计算时代，计算机硬件革新需要算法支持。开发具有良好稳定性的低通信开销算法具有重要意义。格拉姆-施密特过程在线性方程组求解、最小二乘问题、特征值计算中应用广泛。而在大型稀疏线性方程组的求解方法中，GMRES 具有明显优势，基于 GMRES 的高性能算法也受到关注。但这些 GMRES 算法的稳定性尚未得到充分研究。

参 考 文 献

[1] Abdelfattah A, Anzt H, Boman E G, et al. A survey of numerical linear algebra methods utilizing mixed-precision arithmetic [J]. Int J High Perform Comput Appl, 2021, 35(4): 344-369.

[2] Abdelmalek N N. Round off error analysis for Gram-Schmidt method and solution of linear least squares problems [J]. BIT, 1971, 11(4): 345-367.

[3] Al Daas H, Grigori L, Henon P, et al. Enlarged GMRES for solving linear systems with one or multiple right-hand sides [J]. IMA J Numer Anal, 2019, 39(4): 1924-1956.

[4] Arioli M, Fassino C. Roundoff error analysis of algorithms based on Krylov subspace methods [J]. BIT, 1996, 36(2): 189-205.

[5] Baker A H, Dennis J M, Jessup E R. On improving linear solver performance: A block variant of GMRES [J]. SIAM J Sci Comput, 2006, 27(5): 1608-1626.

[6] Ballard G, Carson E C, Demmel J W, et al. Communication lower bounds and optimal algorithms for numerical linear algebra [J]. Acta Numer, 2014, 23: 1-155.

[7] Barlow J L. Block Gram-Schmidt downdating [J]. Electron Trans Numer Anal, 2015, 43: 163-187.

[8] Barlow J L. Block modified Gram-Schmidt algorithms and their analysis [J]. SIAM J Matrix Anal Appl, 2019, 40(4): 1257-1290.

[9] Barlow J L, Smoktunowicz A. Reorthogonalized block classical Gram-Schmidt [J]. Numer Math, 2013, 123(3): 395-423.

[10] Barlow J L, Smoktunowicz A, Erbay H. Improved Gram-Schmidt type downdating methods [J]. Numer Math, 2005, 45(2): 259-285.

[11] Bjorck A. Solving linear least squares problems by Gram-Schmidt orthogonalization [J]. BIT, 1967, 7(1): 1-21.

[12] Bjorck A. Numerics of Gram-Schmidt orthogonalization [J]. Linear Algebra Appl, 1994, 197-198: 297-316.

[13] Bjorck A, Paige C C. Loss and recapture of orthogonality in the modified Gram-Schmidt algorithm [J]. SIAM J Matrix Anal Appl, 1992, 13(1): 176-190.

[14] Carson E C, Lund K, Rozloznik M. The stability of block variants of classical Gram-Schmidt [J]. SIAM J Matrix Anal Appl, 2021, 42(3): 1365-1380.

[15] Carson E C, Lund K, Rozloznik M, et al. Block Gram-Schmidt algorithms and their stability properties [J]. Linear Algebra Appl, 2022, 638: 150-195.

[16] Daniel J W, Gragg W B, Kaufman L, et al. Reorthogonalization and stable algorithms for updating the Gram-Schmidt QR factorization [J]. Math Comput, 1976, 30: 772-795.

[17] Demmel J W, Grigori L, Hoemmen M, et al. Communication-optimal parallel and sequential QR and LU factorizations [J]. SIAM J Sci Comput, 2012, 34(1): A206-A239.

[18] Drkosova J, Greenbaum A, Rozloznik M, et al. Numerical stability of GMRES [J]. BIT, 1995, 35(3): 309-330.

[19] Freund R W. A Transpose-free quasi-minimal residual algorithm for non-Hermitian linear systems [J]. SIAM J Sci Comput, 1993, 14(2): 470-482.

[20] Gander W. Algorithms for the QR-Decomposition [DB/OL]. (1980-04-01) [2022-02-28]. https://people. inf. ethz. ch/gander/papers/qrneu. pdf.

[21] Giraud L, Langou J. When modified Gram-Schmidt generates a well-conditioned set of vectors [J]. IMA J Numer Anal, 2002, 22(4): 521-528.

[22] Giraud L, Langou J, Rozloznik M. The loss of orthogonality in the Gram-Schmidt orthogonalization process [J]. Comput Math Appl, 2005, 50(7): 1069-1075.

[23] Giraud L, Langou J, Rozloznik M, et al. Rounding error analysis of the classical Gram-Schmidt orthogonalization process [J]. Numer Math, 2005, 101(1): 87-100.

[24] Golub G H, Van Loan C F. Matrix computations [M]. 4th ed. Baltimore: Johns Hopkins University Press, 2013.

[25] Gram J P. Ueber die entwickelung reeller functionen in reihen mittelst der methode der kleinsten quadrate [J]. J Reine Angew Math, 1883, 94: 41-73.

[26] Greenbaum A, Rozloznik M, Strakos Z. Numerical behaviour of the modified Gram-Schmidt GMRES implementation [J]. BIT, 1997, 37(3): 706-719.

[27] Higham N J. Accuracy and stability of numerical algorithms [M]. 2nd ed. Philadelphia: SIAM, 2002.

[28] HOEMMEN M. Communication-avoiding Krylov subspace methods [D]. Ph. D. thesis, UC Berkeley, 2010.

[29] Hoffmann W. Iterative algorithms for Gram-Schmidt orthogonalization [J]. Computing, 1989, 41(4): 335-348.

[30] Horn R A, Johnson C R. Matrix analysis [M]. 2nd ed. New York: Cambridge University Press, 2013.

[31] Jalby W, Philippe B. Stability analysis and improvement of the block Gram-Schmidt algorithm [J]. SIAM J Sci Stat Comput, 1991, 12(5): 1058-1073.

[32] Leon S J, Bjorck A, Gander W. Gram-Schmidt orthogonalization: 100

years and more [J]. Numer Linear Algebra Appl, 2013, 20(3): 492-532.

[33] Liesen J, Rozloznik M, Strakos Z. Least squares residuals and minimal residual methods [J]. SIAM J Sci Comput, 2002, 23(5): 1503-1525.

[34] Liesen J, Strakos Z. Krylov subspace methods: Principles and analysis [M]. Oxford: Oxford University Press, 2013.

[35] Martinsson P-G, Tropp J A. Randomized numerical linear algebra: Foundations and algorithms [J]. Acta Numer, 2020, 29: 403-572.

[36] Meurant G, Duintjer Tebbens J. Krylov methods for nonsymmetric linear systems: From theory to computations [M]. Cham: Springer, 2020.

[37] Morgan R B. Restarted block-GMRES with deflation of eigenvalues [J]. Appl Numer Math, 2005, 54(2): 222-236.

[38] Mori D, Yamamoto Y, Zhang S-L. Backward error analysis of the AllReduce algorithm for Householder QR decomposition [J]. Jpn J Ind Appl Math, 2012, 29(1): 111-130.

[39] O'Leary D P. The block conjugate gradient algorithm and related methods [J]. Linear Algebra Appl, 1980, 29: 293-322.

[40] Paige C C, Rozloznik M, Strakos Z. Modified Gram-Schmidt (MGS), least squares, and backward stability of MGS-GMRES [J]. SIAM J Matrix Anal Appl, 2006, 28(1): 264-284.

[41] Paige C C, Saunders M A. Solution of sparse indefinite systems of linear equations [J]. SIAM J Numer Anal, 1975, 12(4): 617-629.

[42] Paige C C, Strakos Z. Bounds for the least squares distance using scaled total least squares [J]. Numer Math, 2002, 91(1): 93-115.

[43] Paige C C, Strakos Z. Residual and backward error bounds in minimum residual Krylov subspace methods [J]. SIAM J Sci Comput, 2002, 23(6): 1898-1923.

[44] Paige C C, Strakos Z. Scaled total least squares fundamentals [J]. Numer Math, 2002, 91(1): 117-146.

[45] Parlett B N. The symmetric eigenvalue problem [M]. Philadelphia:

SIAM, 1998.

[46] Rice J R. Experiments on Gram-Schmidt orthogonalization [J]. Math Comput, 1966, 20: 325-328.

[47] Ruhe A. Numerical aspects of Gram-Schmidt orthogonalization of vectors [J]. Linear Algebra Appl, 1983, 52-53: 591-601.

[48] Saad Y. Iterative methods for sparse linear systems [M]. 2nd ed. Philadelphia: SIAM, 2003.

[49] Saad Y, Schultz M H. GMRES: A generalized minimal residual algorithm for solving nonsymmetric linear systems [J]. SIAM J Sci Stat Comput, 1986, 7(3): 856-869.

[50] Schmidt E. Zur theorie der linearen und nichtlinearen integralgleichungen I. Teil: Entwicklung willkürlicher funktionen nach systemen vorgeschriebener [J]. Math Ann, 1907, 63: 433-476.

[51] Simoncini V, Gallopoulos E. An iterative method for nonsymmetric systems with multiple right-hand sides [J]. SIAM J Sci Comput, 1995, 16(4): 917-933.

[52] Simoncini V, Gallopoulos E. Convergence properties of block GMRES and matrix polynomials [J]. Linear Algebra Appl, 1996, 247: 97-119.

[53] Smoktunowicz A, Barlow J L, Langou J. A note on the error analysis of classical Gram-Schmidt [J]. Numer Math, 2006, 105(2): 299-313.

[54] Sonneveld P. CGS, a fast Lanczos-type solver for nonsymmetric linear systems [J]. SIAM J Sci Stat Comput, 1989, 10(1): 36-52.

[55] Sonneveld P, van Gijzen M B. IDR(s): A family of simple and fast algorithms for solving large nonsymmetric systems of linear equations [J]. SIAM J Sci Comput, 2009, 31(2): 1035-1062.

[56] Stewart G W. Block Gram-Schmidt orthogonalization [J]. SIAM J Sci Comput, 2008, 31(1): 761-775.

[57] Swirydowicz K, Langou J, Ananthan S, et al. Low synchronization Gram-Schmidt and generalized minimal residual algorithms [J]. Numer Linear

Algebra Appl，2021，28(2)：e2343.

[58] van der Vorst H A. Bi-CGSTAB：A fast and smoothly converging variant of Bi-CG for the solution of nonsymmetric linear systems [J]. SIAM J Sci Stat Comput，1992，13(2)：631-644.

[59] Vanderstraeten D. An accurate parallel block Gram-Schmidt algorithm without reorthogonalization [J]. Numer Linear Algebra Appl，2000，7(4)：219-236.

[60] Walker H F. Implementation of the GMRES method using Householder transformations [J]. SIAM J Sci Stat Comput，1988，9(1)：152-163.

[61] Wilkinson J H. Rounding errors in algebraic processes [M]. Englewood Cliffs：Prentice-Hall，1994.

[62] Wilkinson J H. The algebraic eigenvalue problem [M]. Oxford：Clarendon Press，1988.

[63] Yamamoto Y，Nakatsukasa Y，Yanagisawa Y，et al. Roundoff error analysis of the CholeskyQR2 algorithm [J]. Electron Trans Numer Anal，2015，44：306-326.

[64] Yamazaki I，Tomov S，Dongarra J. Mixed-precision Cholesky QR factorization and its case studies on multicore CPU with multiple GPUs [J]. SIAM J Sci Comput，2015，37(3)：C307-C330.

[65] Yang L M，Fox A，Sanders G. Rounding error analysis of mixed precision block Householder QR algorithms [J]. SIAM J Sci Comput，2021，43(3)：A1723-A1753.